樹，
擁抱了全世界

世界環境大師傾聽森之音

樹，擁抱了全世界

世界環境大師傾聽森之音

Tree: A Life Story

David Suzuki 大衛・鈴木＋Wayne Grady 偉恩・葛拉帝｜合著

羅伯・貝特曼Robert Bateman／繪圖　林茂昌、黎湛平（增修版）／譯

目次

第四章　成熟
三百年來，我們這棵樹一直在九月的和風中散播種子——是澄腹赤松鼠的最愛，四天就可以貯存過冬所需。
167

第五章　死亡
我們這棵樹，生於馬可波羅覲見忽必烈的時代，倒於華爾街崩盤那一年，七百年前的幼苗，逐漸腐爛、分解，將在大自然中繼續支撐新的生命。
215

延伸閱讀　255

重要名詞中英對照表　259

〔導讀〕

我們需要人以外的故事

國立東華大學華文文學系教授／吳明益

一塊老木板的自傳，是一種學校未教過的文學。

——Aldo Leopold, A Sand County Almanac

多年之前，我初次進入棲蘭山檜木林。在進去之前，我就知道那是一片以台灣原生特有種扁柏、紅檜為主的森林，也知道那是全亞洲僅存的古老原始檜木林。但真正站在雲霧裡，站在一棵數千樹齡的樹冠底下時，還是出現了一種揉合了恐懼、敬仰、神聖、依附……難以言喻的複雜感受。林中一些樹齡古老的樹被以中國歷史上的著名人物為名，諸如孔子、司馬遷、關羽……，這或許體現了當時政府單位的單向文化思維。那之前我已在文學與自然相交的領域閱讀、走動，因而對呈現在為萬物「賦名」這樣的行為及其背後的權力關係有些許的了解，因此看到名牌時我並未單純地激動，而是在想，若由和這片森林產生過深厚文化經驗的泰雅族來命名，它們又將被稱做什麼名字？而如果是更早發現這片森林為棲居地的山羌、蝴蝶、獼猴來賦名（假設牠們有賦名的能力），牠們又將給這片森林什麼樣的名字？

而設若由樹來陳述自己的故事呢？每枚被環境幸運擇選，在壓力下生長的種子，裡頭是否也包含了屬於它們的自然史……或者小說、詩與傳說？

與其他生物在地球上生存的時間相較，現代智人在地球上的出現實在太過短暫，我們只是一首長歌裡的四分之一音符，只是一齣舞劇中一個眼神，一個動作的瞬間。我們的文字所能記憶的「歷史」，其實只是「我們的短暫歷史」。而從自然史這個學門從單純的研究自然，到了解自然物間的歷時性變化關係後，這種既講求證據，又講求推斷能力、想像力的學門，為人類開展了從未親眼見證年代的視野。那未必是百分之百真實，但人類確實在尋求一次又一次更合理的詮釋。在許多科學家的眼裡，樹的身體記憶了豐富的自然史，他們已經可以從樹的年輪、組織變化，推測出某年的異常氣候、森林大火，或地層變動。人們在面對這些或立或倒，或仍只是一枚小小種子的地球史書時，或許有不同的態度。但我常想像美國生態學家李奧波所說的，當他在溪邊看到一塊木板時，像是讀到一種學校所未教過的文學那樣的情緒。而當大雨過後，枯、死、活木被沖下河流，擱淺在出海口，簡直從森林所遺留下的一座複雜、深邃的「圖書館」。

我多次在花蓮溪口看到這樣壯麗、豐美，從山上某處漂流而下的「圖書館」，它們不是一群屍骸，而是飽含故事的「活物」。可惜我不懂那樣的語言，只能將它們視為一種揉合美與死亡隱喻的景觀。即使只是在林中單純面對一群年紀超過數百、數千的扁柏亦然，我知道它們在講述奇異、新奇、關於這個星球上生與死、鬥爭與演化的故事，可是我卻聽不懂。我聽不懂，那總讓我在心底有種淡淡的遺憾。

大衛．鈴木和偉恩．葛拉帝則不然。一開始他們可能只是結識了一棵七百多歲的花旗松，但最終他們在花旗松的身上看到了一部壯闊的演化史，再用文字轉譯出來。《樹，擁抱了全世界》就是這樣的一本書。初打開書稿時我以為會讀到人和樹相遇的記錄性書寫，但很快就發現我錯了。作者的視線是循著樹的葉子、表皮、木質層，隨著年輪線旋轉，如此曲折、有序地倒轉回去，回到根剛剛紮入土壤的那一刻，回到種子的旅行，回到樹的祖父、曾祖父、曾曾祖父……回到沒有樹的荒涼地球，回到生命還沉默、土壤正在集結的時代，回到生態圈都還不知道會將有生態圈的洪荒裡……再穿插上立在文學、藝術、族群史、科學史裡的花旗松。

這樣的寫作手法或許不算新鮮，卻十分動人。多年前我讀到美國作家 Mark Kurlansky 所寫的《鱈魚》（*Cod: a biography of the fish*），就非常著迷於作者能藉某種生物，展開一部詩意的自然史普及著作，從生物的演化寫到移民史，再從移民史寫到人類所塑造出的種種藝術形象，以及文化意義上。這種寫法首要是作者要有豐富的知識，而知識又能通過有序的安排，以說故事的語調展現。這並不是件容易的事。《樹，擁抱了全世界》的筆法或許在文學意味上淡了些，但卻像一部全知觀點的攝影機，用平靜、收斂、易接受卻不淺薄，又隱隱帶著情感的語氣，展演出樹的集體記憶。貝特曼的插圖也與文字的氣味相近，中文版的排版乾淨自然，讀來頗為舒服。

我在往花蓮、回台北的火車上，展讀這本書，從窗口可以看見遙遠的，層次分明的中央山脈。那曾經是移民與異族都很難穿越的高嶺，是許多原住民族靈魂聖山的所在，是堅強到足以破壞颱風結構的蔽障，是台灣森林覆蓋率最高的一條脊樑。那裡有樹。我們太可以寫這樣的一本書了，從一株扁柏的身世，描述島的生成，土壤的積累，樹種在島嶼的演化與散布，寫到樹與各族群歷史的相互依賴，乃至於這些相異文化體面對樹所形構出的文化象徵。作者可以嘗試深入一棵樹的「心」，想像它觀看以及自己所經歷的原生種與外來種的鬥爭，想像圍繞著它的不同植物，有的是順著海水與風、船舶與行李，乃至於沾黏在移民者褲管上，最終歸化此地，終究創造出這個提供了諸多生物生存的空間。甚至可以讓文字如空氣，如陽光，如水，滲透到土壤中，去窺看只有山才理解的種子庫。這樣的一本書，或許將與此地所演化出一種特有植物同樣珍貴。

雖然屬於此地的這樣一本書還未出現，但我們至少能讀到《樹，擁抱了全世界》。這樣的書不只帶給我們知識，也暗示了人類理解自然的努力，與設身處地，充滿想像力與同理心的溫柔。於是，我們發現，在這樣的時代裡，我們太需要人以外的故事。

〔推薦序〕

對神聖生命的讚禮

台灣森林專家／金恆鑣

我要站在那裡，雙眼瞪著我鍾愛的同仁，
然後告訴他們，他們的生計已到盡頭。

——威廉．迪特里希（William Dietrich），
《最終的森林》（*The Final Forest*, 1992）

我一直盼望有這麼一本書，介紹樹木的一生過程，讓一般讀者認識一粒不起眼的、塵土般的種子如何能長成一株讓人望斷脖子的高聳巨樹。這樣的一本書可以教人

認識生命的複雜、奧秘、費解與難得，進而能尊重所有的生命，建立生態的倫理觀。

二〇〇四年，加拿大的科普作家大衛．鈴木繼《神聖的平衡》之後，與偉恩．葛拉帝合作完成了《樹，擁抱了全世界》，終於償了我的宿願。這本書遠遠超過我預期的豐富。鈴木用淺顯而生動的文字，佐以科學的資料，步步有序的敘述一棵喬木的誕生、紮根、發育，成熟乃至死亡等過程，介紹了一株樹的傳奇故事，讓讀者毫不費力的進入樹之生與死的生態世界，最後「帶著這個感受回家，且終身受用」（作者的結尾語）。這本書將加深讀者對生命聖神的讚禮。

這本書的主角是西部黃杉（*Pseudotsuga menziesis*），比較不正式的傳統中譯名為「花旗松」（Douglas Fir），在北美洲也有人稱之為「黃雲杉」（Yellow Spruce）、紅雲杉（Red Spruce）或俄勒岡松（Oregon Pine）等數個俗名。但是，植物分類學者說，這不是松，也非杉，更不是冷杉（Fir），是黃杉屬（Pseudotsuga）的針葉樹。其種名 menziesis 乃是紀念阿奇柏爾德．孟席斯（Archibald Menzies, 1754-1842）他於一七九二年抵達北美洲西北岸時，首次形容此廣袤無邊的溫帶雨林「密得不能容身之松林」，故有「松」之俗名。而 Douglas Fir 之英文俗名乃是紀念大衛・道格拉斯（David Douglas, 1799-1834）於一八二七年將此樹之種子帶到英國播種之故。

西部黃杉是北美紅杉屬（Sequoia）的北美紅杉（*S. sempervirens*）及巨杉屬（Sequoiadendron）的北美巨杉（*S. giganteum*）之外北美洲最巨大的樹種。由於其分布面積與材積量遠超過上述的兩樹種，因此是北美洲最重要的森林生態系與木材資源，是家喻戶曉的樹。

作者挑了這種常見的西部黃杉為範例，用來介紹植物一生的生命現象。西部黃杉的種子每粒約十五公克，卻可長到將近九十公尺高，即使是樹幹上最低的枝條也離地面三十公尺高，直徑可達五・二公尺，真是令人難以想像的巍峨。其實，台灣的紅檜也不遑多讓，它可長到五十公尺高，直徑八公尺，它雖不如西部黃杉高，直徑卻不輸於西部黃杉。這是因為台灣有颱風，樹無法長得像許多沒有颱風之地區（如印尼，馬來西亞）的樹那麼高。台灣的紅檜能長成巨大之樹，其經歷之精采絕對不亞於西部黃杉，只是研究資料不夠豐富，無法寫成有科學根據的傳奇而已。試想：西部黃杉的種子每粒約有十五公克，而紅檜的種子每粒約才〇．七五公克，輕兩百倍，而樹徑卻一樣粗。

本書的楔子中十分明白扼要的說明該書內容：樹要生存、繁衍與擴散，必要適應物理環境（尤其是乾旱來臨，大火焚燒）的種種考驗，要化逆境為順境，並使之成為生存與繁衍的正面助力。例如許多針葉林的毬果，若無高熱大火，毬果不會裂開，種子無法散出，傳宗自然無望。大火可摧毀許多競爭的植物，讓散出的種子更有機會發育成苗與長成大樹。除了適應物理環境外，還要與其他生命合作或競爭。這種合作與競爭的方式緊緊跟隨著樹度過漫長的生命之旅，令之與從吃食種子或協助散擴種子的動物，到與其根部共生的真菌，組成一個複雜而緊密的生命之網。

這種巨樹死亡後，不論成為枯立木或枯倒木，都依然是森林生態系中無可取代的另類資源，人稱「生物襲產」。它為後代鋪設溫床，提供用水與營養，讓種子及早發芽，有適合生根之處。同時進行樹的第二大（除了光合作用外）任務，即腐解作用，將數百多年來收集與累積的太陽能資本，再用數百年的時光，以生物化學的方式逐步交給其他生物，本身繼續提供腐木的生態服務。腐解過程中逐漸釋放無機營養，培育下一代。所以，一株生活了七百年的巨樹，死亡後也要數百年，木材才能完全消失，而遺留在它世居土地上所有的無機營養物（氮、磷、鉀、鈉、鈣、鎂等十餘種元素），可回收、循環與再利用上數百年，這即是作者說的「這是一個變動中的穩定系統」。

本書僅注重森林生態系的地上部份，而對於同樣重要的地下之樹根生態系著墨不多。於是，我又得耐心等待另一本中譯的「土壤的生命傳奇」出現。屆時，讀者與我能明白一個更「完整的生態系」之故事了。讓我們拭目以待吧！

〔二〇一八增訂版特邀推薦序〕

這棵樹，偷走了我們的心。

彼得．渥雷本（Peter Wohlleben）

黎湛平◎譯

大衛．鈴木和葛拉帝是我的靈魂伴侶。理由不是他們寫樹，而是他們寫樹的方式。敢情這世上還有比本書主角——花旗松——更難理解的生物？在同一處地方生根屹立數世紀，生長速度緩慢到即使好些年過去，也幾乎看不出任何變化；是說哪來如此單調乏味的主角？但兩位作者妙筆生花，施展魔法，利用縮時手法呈現花旗松從種子長成古木的一生，教人嘖嘖驚奇。這段壓縮的光陰使我們明白，花旗松一點也不無趣，純粹只是它們的生活步調不同罷了。人類是快速移動的生物，而我們這種生物通常無法理解樹木如何調整生長方式（譬如順應腳下土坡滑動）；想當然爾，我們也看不見樹根的地下活動。

在閱讀過程中，大衛和葛拉帝時不時來一段簡單的植物小學堂，解釋植物一般作用機能、輔以科學知識佐證。其中最令我印象深刻的是，作者展現專注於單一步驟或過程如何使人迅速定下心來，不受整體局面干擾。科學家研究事物的細節，將片段資訊如拼圖般拼湊起來；但就算圖塊彼此吻合，最後顯現的圖像並非直指事物本質。譬如，若你僅知一個個獨立的原子和分子，要討論心靈、靈魂談何容易？唯有透過各種元素互相作用，才能迸生令人驚奇讚嘆的系統——然而就連這系統的最基本層次，我們也不見得有幾分掌握。演化真是一場強者恆勝的戰爭？作者以最動人的方式告訴我們，事實並非如此。譬如，赤楊能將「氮」運送給不同品種的樹木，然後以獲得高量的「糖」作為回報。花旗松的壽命雖不如星辰恆久，但它們似乎亦不因此而悲傷。大自然生生不息，變動不居；森林也一樣。森林裡不斷興起生機，讓新生代得以欣欣繁衍。然而，唯有當大自然的處境日漸危急，人類才會開始關心環境，而這正是我們改變觀點的好時機。假使數據都包裝得有如證交所報告，那麼每天無止盡接收森林、海洋等生態系的瀕危資訊，又有何用？如果把物種描述成精心設計的有機機器，又有誰會心有戚戚、發出共鳴？還有，我們之中又有多少人有耐性承受一則又一則警世壞消息？科學家搜集的資訊固然重要，但恕我不客氣地說，科學家提出的報告大多訴諸「理智」而非「心靈」。愛能牽動心靈。唯有愛能徹底改變思維模式。因為如此，我們必須找到能撞進心坎、打動人心的訊息寓意，而這一切則有賴傳訊者結合事實與情感，將這份心意傳送出去。

大衛和葛拉帝正是這門技藝的高手。他倆透過能引發讀者情感共鳴的文字呈現眾人已知的事實，並指出認知差距，再使出高超技巧將兩者編織成令我們滿心驚奇的故事。這是一棵有靈魂的樹；這棵樹偷走我們所有人的心。

謹以本書獻給愛倫・亞當斯（Ellen Adams），
最初認識時，她還是卑詩大學
動物學研究所的學生。
她聰明、活潑而興趣廣泛，超越動物學的領域。
她太年輕就辭世了。
她慷慨支援了鈴木大衛基金會的工作，
並協助本書付梓。

——大衛・鈴木

致謝

一本書就如同森林裡的一棵樹，與周圍大量的同類相聯結，因而得以生存。我們感謝許多研究花旗松的生物學家及研究人員，把這種植物神奇的特性公諸於世。我們也感謝灰石書社的羅布・桑德斯，熱心而嚴厲地催促我們完成本書手稿。

南茜・佛萊特以慣有的敏銳感為我們閱讀初稿，並提供優秀的指導；感謝珍妮佛・克洛一路指點我們潤稿改稿；保羅斯的複製編輯技巧讓我們免於窘態畢露，我們要向這三位致上深深的謝意。我們還要感謝嘉培爾，他為本書蒐集研究資料，表現可圈可點。我們很榮幸能夠請到羅伯・貝特曼為本書製作精采的藝術作品。

還有很多朋友在本書的製作過程中提供各種協助，這些朋友包括：蘭德曼、波勒克、史坎蘭、甘、虎克、亞克斯里及慕拉。

〔楔子〕

樹，擁抱了全世界

本書是一棵樹——花旗松的傳記，但任何一棵樹都可以做為本書的主角——澳洲的尤加利樹、印度的菩提樹、英國的櫟樹、非洲的猢猻木、來自亞馬遜的桃花心木，或是黎巴嫩的雪松。所有的樹，都證明了演化的奧妙，以及生命適應意外挑戰，讓自己在一大段時間裡永續長存的能力。

樹安穩地根植在地上，向天空伸展。在這星球上的每個角落，樹以非常豐富的形式和功能，簡直擁抱了全世界。它們的葉子接收太陽能，成為所有陸地動物的福利，並把洶湧的流水轉化成大氣中的水蒸汽。枝與幹為哺乳類、鳥類、兩棲類、昆蟲及其他植物提供庇護所、食物和居所。而它們的根則定植於岩石和土壤的神祕地底世界。樹是地球上活得最長的生物；它們生命的長度，遠超過我們的存在、經驗和記憶。樹是卓越的生命。然而它們矗立著，宛如生命舞台上的多餘角色，永遠是周遭不斷變化之活動的背景，如此熟悉而又如此無所不在，以致我們很少去注意它們。

我出於志願，經過修習，而成為一名動物學者。我這一生中，動物一直是我所關心和熱愛的對象。我第一次認識的動物就是我的父母、兄弟姊妹和玩伴，然後才是我的狗「史波特」。父母親是非常喜歡種花的人，但植物從未讓我感到興奮；它們既不可愛，又不會動，也不會叫幾聲。釣魚是我兒時的嗜好，蠑螈和青蛙是到水溝及沼澤探險時所抓到的獎品，而種類繁多的昆蟲，特別是甲蟲，一直讓我迷戀不已。難怪我長大後的職業是遺傳學者，研究黑腹果蠅這種昆蟲。

那麼，為什麼一個喜愛動物的人會寫一本關於樹的書？自從瑞秋．卡森的經典之作《寂靜的春天》讓全世界把焦點放在環境的重要性後，大家已經對破壞世界森林的行為及缺乏永續的工業造林多所譴責。和許多行動主義者一樣，我已經參與過保護南北美洲、亞洲和澳洲原始森林的抗議活動，但我所關心的，主要是它們為其他生物所提供的棲地、這種森林所喪失的生物多樣性，以及它們在全球暖化所扮演的角色。最後，是我島上小屋附近的一棵樹感動了我，讓我了解，一棵樹是如此神奇。

我的小屋前有一條小徑蜿蜒至海邊，在土壤結束、沙灘開始之處，坡度很陡。就在此處，土壤邊緣，矗立著一株宏偉的花旗松，高達五十多公尺，周長大約有五公尺。它也許有四百歲，這表示其生命開始之時，大約就是莎士比亞開始寫《李爾王》的時候。這棵樹很特別，因為它從沙灘上方的堤邊水平伸出，然後以三十度角彎轉而上，最後轉為垂直向上。樹幹水平的那一段是坐著或開始攀爬的好地方，我們在樹幹的上升段掛了一些繩子，吊著鞦韆和吊床。

那棵樹忍受我們的活動、提供遮蔭、養松鼠和花栗鼠，並讓老鷹及烏鴉棲息，但它總是徘徊在我們的意識外圍。有一天，我懶洋洋地看著這棵樹畸形的樹幹，竟猛然了解，幾百年前，這棵樹才開始生長的時候（喔，大約是牛頓在英國觀察到蘋果從樹上掉下來的時候），最初生長發芽的土地，應該曾經往海邊滑動過，造成這棵樹以歪斜的角度從沙灘上伸出。年輕的莖必須改變生長形態，才能繼續向上爬升接受光線。多年後，應該又有另一次的土地滑動，造成樹幹進一步往下掉，以至於成為水平，同時還要再補一次上彎曲線才能成為垂直。那棵樹是無言的歷史證據。

任何一棵樹的生命都充滿了不確定風險。樹不會動；然而，卻必須盡其所能，把花粉拋離自己的土地，愈遠愈好，然後，再把種子散播到自己的影響範圍內。樹已經演化出許多神奇的機制來達成這項任務，從利用動物做為傳播媒介，到種子硬殼上附有螺旋槳、降落傘和彈弓。任何人只要見過常綠林上端的花粉霧、白楊的柔荑花序（catkin，由單性花組成的穗狀花序，且主軸下垂）在安靜溪畔所形成的薄紗雲，或是櫟樹在結實豐年裡成堆的橡子，就會知道，樹為了確保非常少數的倖存者，竟是如此放肆浪費。一粒種子，不論落於何處，其命運已定，對大多數的種子而言，這表示它只能躺著，暴露於昆蟲、鳥類或哺乳類動物的掠食下，在石頭上枯死，或在水中淹死。即使種子落在土壤上，其未來也未必高枕無憂。那一小丁點的原生質，包含了所有來自父母的遺傳，儲存著其首次發芽所需的養分，還有一套基因藍圖，通知這株生長中的植物要向下扎根，向上長莖，還告訴它要如何抓住能量、水及生命所需的物質。其生命已經設計好了；然而，還必須有足夠的彈性，以應付意想不到的暴風雨、旱災、火災和掠食者。

一旦種子的第一條根穿進土壤，這顆種子就和地球上的這個地點結下了不解之緣，它未來數個世紀將在此地取得生存和生長所需的所有物質。它必須從空氣和土壤中，得到所有必要的元素以製成分子，形成結構，使樹能直立，離地數十甚至數百公尺，並重達數十噸，抵抗火、風等破壞力。人類的巧思和科技，永遠都無法和每棵樹與生俱來的力量和韌性相匹敵。只要有陽光、二氧化碳、水、氮和一些微量元素，一棵樹就能製造出一整套複雜分子，而這些分子就是樹身結構和新陳代謝的建構基礎。為了完成這項技藝，樹聘請真菌來幫忙，真菌將樹根和根毛包裹起來，像一層細絲飾品似的，把土壤中的微量元素和水析出，和樹葉製造出來的糖分交換。

樹的原生質裡包著能量儲存體和其他分子，這些物質是其他生物所無法抗拒的誘

我那小屋旁的花旗松

惑。對付掠食者，樹無法跑掉、躲藏或攻打，但它們也不是無助的受害者。它們的樹皮就像一層盔甲，而且會製造各種強效化合物，做為毒藥或對付入侵者的驅蟲劑。樹如果遭到昆蟲攻擊，就會產生揮發性化合物，不只驅趕昆蟲，還可以警告附近的樹有危險，刺激它們合成驅蟲劑。樹的細胞為真菌提供食宿；而這些客人則製造避免細菌感染的物質做為回報。如果被疾病或害蟲得逞，樹也許會把受害區域封起來，犧牲枝幹或其他部位，以求其餘部分得以生存。在土壤中，樹群中的樹根也許會相互混雜，幾乎融為一體，從而讓樹與樹之間得以溝通、交換物質並相互協助。沒有一棵樹是孤島；樹是社區公民，從合作、分享和相互幫忙中獲得好處，這和任何生物參與完整運作的生態系所獲得的好處是一樣的。

一段時間之後，即使是最堅韌的樹也會被無情地戳傷、穿透、腐蝕和弱化。樹的死亡訊號並不是停止心跳、腦死或嚥下最後一口氣。瀕死的樹還會斷斷續續地運作；根企圖把養分和水分經由堵塞而殘破不堪的管線送回來；光合作用零零星星地進行。但最後，樹變成了一堆沒有生命的枯立木，依舊支撐著為數龐大的其他生命。當它終於倒下，仍舊餵養和支撐腐爛樹身上之繼起生命，達數世紀之久。

我們曾經思考人類和地球上其他生命的歷史關係。過去，許多人了解，我們不只和動物，而且還和所有綠色植物，有著相互依存及親緣關係。他們想像宇宙是如何形成，人類何時及為何出現，以及事情的來龍去脈。這些在各個文化中傳述的故事，具體顯現出形成各民族世界觀的觀察、想法和推測。

科學代表一種完全不同卻很有力量的觀看世界的方法。把焦點放在自然中的一小部分，控制所有的干擾因素，並測量和描述某個特定片段，我們就得到了深入的看法——對那塊片段的看法。在此過程中，科學家忽略了那一小部分所存在的背景環境，不再去看當初那塊片段之所以有趣的韻律、周期和形態。科學觀點是一個變動中的穩定狀態，因為新的觀察而不斷地深化、改變，甚或棄置。在本書中，我們試著秉持門外漢的好奇心和疑問，並加上科學家所獲得的那類資訊。一段時間之後，細節就會有所改變、有所增添，但現象依舊如往常一樣神奇而耀眼。

一棵樹的故事，把我們和其他時空及世界各個角落聯結起來。本書講的就是這麼一個故事。但這個故事也是這稱為地球的土地上，所有樹以及所有生命的故事。

大衛・鈴木

二〇〇四年六月

第一章　出生

樹會扭曲時間。

——符傲思《樹》

一道閃電照亮了天空，打在林木叢生的山脊最高點。山頂並未著火，然而，雖然這些樹既年輕又強壯，但在低一點兒的地方，多年來的枯立木和落枝已經累積成一堆乾燥的火種。一株枯立木悶燒了數天，還帶著餘燼的木炭掉到下面的岩石土壤上。炭火傳給周圍的落葉層，引發了一場地下火，點燃火徑上的小細枝和毬果。火苗向上竄燒，觸及活樹低層的枯枝，迅速順著交錯的樹枝拾級而上，進入了中段的樹脂層，火勢在此燒得非常猛烈，以至於耗盡附近空氣中的氧，而溫度也遠遠超過活枝條的燃點。接著，就像突然打開壁爐的空氣閥一樣，空氣對流所激起的風適時帶來新鮮的氧氣，而且就如同某種邪惡魔法一樣，似乎全世界的火都同時點著了，燒進了樹冠層。開始時只是地下火，現在則成了樹冠火，這種火會四處蔓延。

樹冠火的行進是派斥候先行，尋找新鮮的資源。起初，主火開始前後擺動，彷彿不知何去何從；接著其火苗觸鬚絞成小火圈、螺旋、漩渦和小龍捲風，迅速結合，形成一個大而猛烈的氣旋，一個筒狀的螺旋煙捲。頂部以攝氏一千度燃燒的空氣被吸到底部，它們在此處拾起燃燒的枝條，有時是整枝木頭，往上帶到封住筒狀體的排氣口，此時就好像一具大砲，把枝條射到數百公尺處未著火的森林。空氣中充滿了火箭。它們的任務是點燃星星之火，或是圍繞著主火，燃起旁邊的小火，然後，在向主火回報之前先融合起來。

當主火和聯合起來的星星之火之間的空間溫度變得比木材的燃點高，而且還有風帶來新鮮氧氣時，突然間，百萬分之一秒，主火和殖民斥候之間就沒有分別了。這稱為爆炸。悄悄前進的火突然間占據了一百平方公里。它不再呈線性移動；它現在是四散的野火。整個森林亂成一團，煙火交錯，高溫燒炙，動物和鳥類在黑暗中驚叫亂竄，巨石鬆動，狂風怒吼，似乎是所有生命的終點。

當這個區域中，每一個可以燒的東西都燒過了之後，當地表上的植物被掠奪一空，使有機養分毫無用處時，當石頭碎裂、大火燃燒所產生的煙塵捲上地球大氣層的極限時，火的驚人毀滅力量繼續發威，跟隨著新斥候，往任何地理或風所決定的方向，去開發新領土。它走過之後留下的是一片死寂。嘶嘶聲和吼叫聲都離開了；動物沒了，鳥或爬蟲類或昆蟲沒了，沒有柳樹迎風，也沒有枝條相互摩擦的聲音。除了木炭和灰燼之外沒有顏色。看到如此荒涼景象的人如果認為火是來自地底下的災難，是可以原諒的，而和這場火差不多時期，離我們半個地球遠的義大利詩人但丁，則為文稱之為「地獄」。雨來自天堂；火則來自地獄。

這樣的人錯了。在北美的西岸，也就是這場火發生的地方，經常有這種大火。這種真正的大火，世紀之火，每隔二百年到三百年就席捲整個北部森林一次；而較小的地下火則每三十年肆虐兩次。由於成熟的花旗松、錫達卡雲杉和北美巨杉等大樹，活了一千年以上，於是我們可以認為，即使是更大的火，它們也不會被燒毀。事實上，大樹靠大火來進行並完成它們的生命周期。

近年，由於全球暖化的關係，西岸野火發生的頻率翻倍飆升。以往每隔幾年才會來場大火清理森林；現在每年就燒它個好幾百回，而且數字還有繼續攀升之勢。舉例來說，二〇一一年通報的數字為六百四十六件，二〇一三年來到一千八百五十一件；二〇一六年的氣候相對潮濕，但仍有一千零五十場野火。此外，由於夏季越來越乾熱，野火肆虐的範圍也逐漸擴大。即使是次數低於平均值的二〇一一年，遭野火吞噬的總面積卻達平均值的三倍，高達三十三萬公頃林地遭焚毀。目前通報的案例近半數與人為有關；有些是意外，更多是蓄意縱火。人類正以各種數不清的方式改變這顆星球的自然生態。

大自然之火既非來自天堂也不是來自地獄。它們是主導動植物生命的部分自然過程。火是一種能量，來自巨大的核子融爐，即我們的太陽。太陽能照射到地球上，被葉子抓住，然後轉換成穩定的分子，如果發生意外，經常會重新點燃而轉回火。在本世紀裡，火和雨一樣，或是和昆蟲嗡嗡聲、美洲飛鼠和紅樹鼠的唧唧聲一樣，都是森林生命的一部分。

柱松、北美巨杉及其他西部針葉樹是晚花植物，較晚開花；它們不像蘋果樹和楓樹那樣，種子一成熟就掉落，而是把種子掛在身上，因應某些環境因素的觸發，才拋掉種子。美國柱松可能一直保持毬果的封閉狀態達五十年，等待一場火的到來，才打開毬果，釋出種子。世界爺也同樣緊閉其毬果達數十年，只有當毬果受熱達攝氏五十到六十度時，才釋出種子，而這種溫度只有火才能達到。植物（和動物）的組織在攝氏五十度時開始壞死，這表示這些巨人在溫度高到足以殺死它們自己時釋出種子。有人認為，某些針葉樹最低矮的枝條枯死後還留在樹上，沒別的目的，只是為了扮演燃料，把地下火射上它們的樹冠，以對毬果加熱並彈出種子。

在所謂的火險氣候區裡（年降雨量低，一年少於一百二十五公分，乾熱期長，有強風），抵抗高熱的能力是種珍貴的特性。澳洲就有這種氣候，而其特有的尤加利樹或桉樹，是地球上最容易著火的樹，會產生大量的乾樹葉甚至可燃氣體，能把火焰射到一百公尺遠。然而桉樹能抵抗難以置信的溫度，而且某些品種甚至顯示需要火來維持生存。即使在相對潮濕的氣候，抗火也是一種資產。例如在夏威夷，桃金孃科的物種實際上可以活埋在火山所噴出來的熱熔渣裡，而且還能冒出新芽，甚至還能在一堆新鮮的火山灰底下長出新根。

花旗松不需要火來繁殖，但它們的生存的確要靠火。其幼苗不耐陰；這種樹要靠火把基地附近像西部鐵杉和美國側柏等低矮樹種清掉，以便它們的種子掉下時，能夠安置在未被占用，從而沒有遮蔭的土地上。而且，灰中含有珍貴的養分，年輕的幼苗得以生長旺盛。如果沒有火，花旗松終將消失於鐵杉和側柏林中。成熟的花旗松可以耐得住這些清場的火，因為它們已經演化出厚而不可燃的樹皮（成株的樹皮最厚可達三十公分）保護裡面的形成層。

火的行徑怪誕。它在幾天之內橫掃數千公頃的林木，似乎鐵了心要毀掉它路徑上的所有東西，然而卻在這裡留下一株幼苗，那兒留下一棵成株，其他地方則立了幾棵完整的樹。經過這場火之後，對這焦黑的山谷匆匆一瞥，除了燒焦的木樁斜倚在灰燼

大火之後

堆上之外，空無一物。但仔細看，尤其是在雨後，將會發現偶爾的一抹綠意，流出的少許樹脂，閃閃地映著陽光，而在山脊低處下方的掩蔽處，有一小片森林綠洲。

雖然花旗松的毬果不需要高溫來撬開，但必須乾燥到自然含水量少於百分之五十。在大火這幾天裡，一百七十公尺高，昂然矗立的花旗松上所懸掛的數百顆毬果慢慢張開鱗片，把它們所藏的帶翅種子，釋放到來去自如的風中。種子各自或轉或旋地飄落到地上。它們之中，百分之九十五會掉到石頭上、水裡面或貧瘠的土壤上而不會發芽。其餘的，百分之九十五會因缺乏養分、遮蔭太多，或是被前來探險的鹿鼠或橙腹赤松鼠吃掉，而活不過第一年。但大自然的鋪張浪費，確保有一些（足夠了）會落到濕潤而富礦物質的土壤上，刺激其發芽。這些樹大多數永遠無法長到成株，在樹皮還不夠厚之前就在另一場大火中喪生、被黑尾鹿吃掉、被麋鹿用來磨長得太旺的鹿角、昆蟲、真菌病、乾旱、土地位移、霜害，或是其他樹的競爭。但在再度轉綠的山谷向陽處，它們之中有一棵會矗立在空曠、高聳、排水良好的地方，陽光充足，還有從太平洋吹來的陣陣水氣。這顆種子會發根、長主幹、抽出枝條、散出針葉，並在未來五百年光景裡，繼續成長茁壯。這棵，就是我們的主角。

開始

火是森林生態系中常見而基本的成分；火會把森林中各種生命的物質和能量還原成基本成分，供新生命再利用。火、種子和我們這棵樹接下來的成長，是一個過程中的幾個階段，這個過程遠在動物出現於地球前就開始了。我們的宇宙於一百三十八億年前大霹靂的熔爐中爆炸，當時，所有的物質都壓縮在一起，成為一個「奇異點」，而這一點，不會比本句結尾的句點大。然後，這點以無法想像的力量、溫度和速度爆炸，向外噴出，到今天還在繼續擴展。接下來的九十億年，冷卻氣旋含有足夠的物質產生引力把空氣吸進來，成為密度不斷增加的凝塊。以宇宙時間座標來看，突然間，天空被數十億顆幾乎同時點燃的核子反應爐（星球）照亮，其中一顆就是我們的星球——太陽，由雲團所形成的太陽，包含了太陽系百分之九十九・八以上的物質。

行星則是由那百分之〇．二，未被困在太陽裡的宇宙氣態物質凝結而成。當地球成形時，約四十五億年前，局部的地心引力把地球壓擠在一起，而核心則受熱成為岩漿。這顆行星上的大氣層沒有氧，但充滿了二氧化碳和水蒸汽等溫室氣體，形成一層隔熱毯，把地球的熱量包起來，使表面溫度穩定在適合生命的水準。於是舞台設置妥當，打上燈光，生命大戲便要開演。

第一幕是這樣的：地球表面冷卻成廣大的地殼板塊，漂浮在岩漿上，宛如火海上的巨型浮冰；它們相互碰撞之處往天空擠壓，形成山脈，而它們被拉扯分離處，則有海洋湧入填補缺口。一陣子之後（這一陣子就是五億年以上），蒸發、凝結和降水的水文循環自行在不毛之地上建立起來，當洪水流動時，蝕刻出峽谷，從岩石中溶出礦物質冲刷入海，經過數千年的累積，並和水裡既有的元素相結合。海洋變成富含碳、氮、磷、硫、氫和鈉的溶液。而土地則得到由沙、砂礫、火山灰、鹽和泥土所組成的一層薄塵。

大約在第一幕戲的中間，這些建構基礎在海洋裡結合，形成活的有機體。它們如何形成，是現代生物學上爭論得最激烈的問題，但大多數人同意，這現象大約發生於三十八億到三十九億年前，發生於水中，發生於一個需要能量的過程中。那能量可能來自不同源頭：來自無臭氧大氣的紫外線、閃電、流星雨（根據某些假說，流星帶來少數地球所缺少的基本元素），和海底的深海溫泉，岩漿從地殼板塊的裂縫中冒出，以超高熱把水加溫，並提供甲烷和氨等成分。

一些原子和分子最後增長成較大的聚合物：高分子的脂肪、碳水化合物、蛋白質和核酸。由於不明原因，複雜的分子被脂肪膜包住，區隔為內外。這些就是原始細胞——生命之開始。在某一點，無生命的物質已經經過相當複雜的安排，變成了生命。第一幕結束。

今天，生命和非生命的分別有幾項特性，沒有任何一項特性是生命所特有，但集合起來，則只表現於生物——高度有序結構、繁殖、生長發育、使用能源、對環境有反應、體內平衡（維持內部環境不變）和演化適應。我們不知道有多少潛在生命形態短暫出現後，就屈服於其他的潛在生命形態、環境條件、缺乏資源或應變能力而消失，退回成無法發展的物質。生命也許是這樣產生，由於太古海洋中充滿了各式各樣的分子基材，經常出現自發性聚集。果真如此，當時的競爭應該相當激烈，而失敗的代價則殘忍無情。其中只有一個實驗證實是成功的。一旦出現一種生命形態，在競爭上勝過其他所有的生命形態，能自行複製，並以各種方式進行變異，以增加競爭優勢，這種原始的單細胞細菌便成為地球上所有未來生命的始祖，也是這個星球上最後一次，無生命物質進行自發性聚集以成為生命形式。此後，只有生命產生生命，代代相連從未間斷，直到現在。

生命在第二幕開始時（一開始的幾億年間）並不容易。早期的細菌細胞必須在海洋裡四處搜尋謀生，例如，運用原子間硫鍵斷裂所釋放的能量以執行化學反應，或是群聚在深海溫泉附近取暖。如此微小的活動，大都發生在冰底下數公里處，因為雪球地球（Snowball Earth，雪球地球，地質史的名詞，描述距今七點五億年到五點八億年前一次極其嚴重而漫長的冰河時代）已經連續經歷了好幾階段的酷寒。這些早期生命形態，受到變動的環境和天擇的塑造，演化了數千萬年。

演化的基本引擎是突變：生物基因藍圖中，稀少而無法預測的變異。數代以來，由於生物只是以二分裂法簡單地一分為二，該生物的所有基因乃依照計畫複製、繁殖。但接著，突然而隨機地，在某一子代中，承襲到修改過、不一樣的某一基因，是為變種。在生命出現後的最初年代裡，突變就是機會，產生也許能帶來些許優勢的變化。

今天，經過數十億年的演化之後，任何一個活體都是萬古天擇所磨練出來的基因組受體。就像手工精緻打造錶的零件是由數代的瑞士製錶師傅煞費苦心發展而成，細胞核中的基因係經過汰選，而能在該生物的一生中正常運作。如果我們打開錶後蓋，胡亂插入一根針，這種隨機事件能改善手錶功能的機會相當有限，而絕大多數的情況是這個舉動將會帶來惡果。突變事件就好比手錶裡的那根針，這就是為什麼大多數的突變都有害，造成子代不適合在親代的棲地生存。但每隔一段長時間，會出現一次突變，意外地提供優勢：例如，在新陳代謝反應上些許、幾乎察覺不到的效率提升，或是附肢莫名其妙地變大，扭動時，可以提供推進力量。具優勢的子代存活下來，並透過競爭，把其餘的兄弟姊妹淘汰，演化於焉發生。不過，等待突變發生是一種隨興而緩慢的生命推進方式。

然而，性發明了之後，演化的速度就大幅加快。有性生殖輕輕鬆鬆就打敗了其他方法。性，引發基因混合和改組，產生龐大數量的新組合，大幅提升基因混合體帶來些微優勢的機率，而且巧妙地引入了死亡的必要性。當細胞進行無性生殖時，一如所有生物在早期數百萬年裡的做法，只是簡單地生長和分裂為二，這兩個子細胞完全相同，而且和生它們的母細胞也相同。如果棲地維持不變，這三細胞，母細胞和兩個子細胞有同樣的生存機率。基本上每個細胞都可以長生不老，因為它可以一直無限分裂下去。然而，當有兩個親代時，可能的出象（outcome，隨機試驗的結果）數目就呈指數增加，表示產生了遠比能夠生存還多的不同基因組合。

舉例來說，每個親代都帶著基因a的兩種形式，或稱對偶基因；其中一個親代帶著兩個a^1基因，而另一個親代帶著兩個a^2基因。透過有性生殖和基因重組，下一代將出現三種可能組合：a^1a^1、a^1a^2、和a^2a^2。現在，假設還有另一個基因b也存在兩種狀態：b^1和b^2。現在，可能的組合數上升到九種：$a^1a^1b^1b^1$、$a^1a^1b^2b^2$、$a^1a^1b^1b^2$、$a^1a^2b^1b^1$、$a^1a^2b^1b^2$、$a^1a^2b^2b^2$、$a^2a^2b^1b^1$、$a^2a^2b^1b^2$和$a^2a^2b^2b^2$。如果有三個兩種形態的基因，則其組合數就跳到二十七種。如果有n個基因，其組合數就是n^3（即3自乘3，自乘n次）。而這是假設每個基因只有兩種形態，在現實中，每個基因也許會有好幾十種不同的形態，於是，可能的組合數進一步暴增。最近，完整的人類基因組解碼顯示，我們每個人可能都帶有高達三萬個的基因，這表示，如果每一個基因只有兩種形態，其基因組合數將是三的三萬次方，一個超過我們理解的數字。有這麼龐大的變異量，於是競爭爆炸，而許多細胞必須死亡。性的引入，是生物版的偷嘗禁果，導致地球上的生物被逐出伊甸園。

將近有二十億年的時間，單細胞細菌是這個行星上唯一存在的生命。如果我們能夠回到那個時候，以裸眼看，地球像是沒有生命，因為細胞只有用顯微鏡放大才看得見。但海洋則充滿豐富的不同生命形態，全都在為資源和使用資源的空間而競爭。這是個微生物的行星。從許多方面來看，現在依然如此。今天，科學家發現古細菌存在於地球表面下十五公里之處，嵌在堅硬的岩石中。它們勉強維持生存，打破原子相互結合的化學鍵以獲得能源，啜飲岩石中的水分子，而分裂則可能少到每隔一千年到一萬年才一次。這些細菌鎖在岩石中，不會受到冰河時期和溫暖期、大陸漂移及動植物大規模變化的影響。他們就像博物館，保存著數十億年前的基因狀態。令人難以置信的是，在四千萬年前蜜蜂化石的內臟中，竟發現活菌。據估計，地球上所有微生物的總重量超過所有多細胞生物的總重量，從樹到鯨魚、到草、到人類。而我們將會看到，我們，包括人類和樹木，都是這些原始細菌生存策略的精心傑作。

但接著故事情節發生轉折。在溫暖周期裡，一種類似現代藍綠藻的生物發現了光合作用的方法——抓住落在海洋上的陽光大量光束中的幾個光子，利用其能量，轉化成可以儲存和隨時使用的糖。這些光合作用者，是地球上可以稱作植物的最早生物，散布於三十五億年前的海洋中，充滿最上層的二百公尺。它們非常善於利用流到地球表面的能量，所以其他非光合作用細菌提供自身的原生質給光合作用者做為避護所，以換取一些糖分。

這個互利的原始合作非常成功，以至於其他功能的結合，諸如細胞分裂及能量生產等也在類似的共生關係中發展出來。光合作用細胞在借來的原生質裡受到保護和滋養，最後終於把自己的未來，完全和它們的寄主細胞綁在一起，變成完全整合、相互依賴的胞器，稱為葉綠體。光合作用是一種化學過程，讓這個行星上，幾乎所有不同的獨立、自行繁殖之生物成為可能，而其效益，則透過合作在細胞間相互分享。還有附帶效益：吸收二氧化碳減少了包在地球表面的熱量，並釋放有趣的副產品——氧氣。

起初，這些光合作用者就是細菌或稱為單核生物的單細胞生物。和所有演化上的「突破」一樣，光合作用者的早期模式應該很粗糙，但與不能利用陽光者相較，它們仍有龐大的優勢。但當它們散布開來，就再度開始競爭，而透過天擇，光合作用變得更有效而多元。並非所有細菌都能行光合作用，但可以行光合作用者，得免於為能量來源而競爭，迅速占領海洋。做為藻類，它們仍舊擁有今天的海洋，而且占地球上行光合作用植物的一半以上；這也是為何它們被認為是「海洋的隱形森林」。

大約在三十五億到二十五億年前之間，有一藻類群組從其他的群組分離出來，形成三個新系：古細菌系（例如嗜極菌，生活在深海火山口附近，甚至裡面）、真細菌系（延續光合作用的藍綠藻那一系）和第三系，後者最終變成真核生物，是一種有核的有機體。真核生物起初是幾個互利共生生物的集合體，因為對寄主太有用了，以至於變成葉綠體和粒線體等胞器。第一個真核生物是單細胞生物。它們成為多細胞生物的建構基礎，多細胞生物這個群組包含所有的動物和植物。多細胞讓單一個體裡的細胞能夠分化；一個多細胞真核生物是許多不同形式細胞的集群，每個細胞都執行對集體有利的工作，知道對集體有利，就對個別細胞有利。一如細胞胞器和多細胞所展示，在大自然中，合作和競爭一樣，是一種驅動力，在無情的天擇遊戲中，提供選擇優勢。

如果有適當養分，幾乎所有構成人類的那一百兆個細胞都能自行新陳代謝、成長和分裂。每一個幾乎都夠格成為獨立細胞，然而，每個細胞也都整合在一個更大的整體裡。於是，一個自然人，就是在演化過程中的某一點上，一群可能自給自足的細胞，為了整體更大福利而合作，形成一個集群，而從這個集合整體所表現出來的人類意識，則是一種新特質，遠超過僅把各個部分加總起來的表現。

一開始，多細胞是自私和利他的奇怪混合。每個細胞，如果要把自己小家庭中的所有工作照顧好，就無法把任何一件事做到最好，而多細胞中的每個細胞並沒有這種負擔。例如，一群細胞可以專注於消化，而另一群則可能以生殖見長。第三群可能奉獻於能量取得，或光合作用，把自己排列在龐大的表面上（例如葉子），吸收足夠的陽光供給整個集合體能量，同時和周圍的生物爭奪取得太陽的空間。

大約在四億五千萬年前，很可能是因為過度擁擠和極度競爭的結果，一些植物從海洋環境移出到陸地上。有些生物被海浪沖到岸上，或是被暴風雨吹到陸地上，它們沒有死掉，反而適應了水分有限的挑戰環境，但這環境也有許多機會——未經水濾過的陽光和富含二氧化碳的大氣。第二幕到此結束。

當早期的植物散布到陸地上時，它們遇到充足的陽光，但由於離開海洋環境，它們不再浸泡於溶解的礦物質、元素和小分子的水中。它們必須從空氣中吸收二氧化碳，而且必須找到新方法來尋找和吸收養分，追逐光合作用所需的微量元素和水分。陸地上有灰塵、淤泥、沙、碎石和黏土，但沒有土壤。只有在陸生植物世世代代的生生滅滅之後，它們辛苦得到的礦物質和分子，加到岩石表面的惰性基質，花了數十萬年，才創造出土壤來。在數百萬年間，陸上植物成了地球上另一半行光合作用的生物。

現在陸地上覆蓋著土壤和蓄水池，看起來到處都是植物，為了爭取一絲陽光而用盡各種手段，愈演愈烈。用達爾文的話來說，在求生存的相互鬥爭中，競爭喜歡積極和創新。找出方法得到陽光的個體，以些微優勢領先其得不到陽光的兄弟株而得以生存。達爾文稱之為「生命的偉大戰爭」。競爭最激烈之處，達爾文在《物種源始》寫道：「在同類之間，幾乎全擠在相同的生態位置。」換言之，大自然最慘烈的戰爭一直是內戰，兄弟對抗姊妹、子女對抗父母。優勝劣敗。「每個有機生命……在其生命中的某段時期、在一年中的某個季節、在每一代或世代交替間，必須為生命而掙扎，並飽受大毀滅之苦。」在充滿同種植物的野地裡，站得比其他植物高一些者，將會以犧牲兄弟株為代價，長得很茂盛。

石炭紀始於三億三千五百萬年前，在此之前的某個時期，已經登陸的物種有某些子代的個體，短暫地把自己升起來，高出地面，偷走其兄弟的陽光而長得茂盛。要成功做到這點而不被風或浪掃掉，或不被其他努力模仿其成功方式的植物拉下來，它們就必須發展出堅固的莖和強韌的根。它們必須成為樹。

土壤中的家

雖然有些植物的種子，例如北美巨杉，喜歡充滿灰燼的土壤，但花旗松的種子可以休眠多年，等待氮或其他養分來回復土壤基底。氮是生命不可或缺之物，為構成核酸和蛋白質的元素，占我們身體重量的百分之二。氮在空氣中相當豐富，占了百分之七十八。但在土壤中，每百萬粒子只出現五個粒子；低濃度的氮是植物生長的最大限制因素。而在陡峭的太平洋海岸山脈，綿綿不絕的雨已經把諸如氮之類的養分沖離薄薄的土壤層。由於空氣中的氮不是活動很高的元素，因此，必須經過生命過程，轉變成氨或氮氧化合物，才能被生物吸收或利用。這個轉換過程稱為固氮作用。

在森林中，丁酸梭芽孢桿菌這類的細菌把空氣中的氮抓下來，固定到土壤中。這種細菌在攝氏八十二度就會被消滅，而花旗松休眠種子所躺的地表，火災時可輕易超過此溫度。梅瑟在《原始林》一書中，追蹤大火之後丁酸梭芽孢桿菌重回上層土壤的祕密路徑。

在地表底下深處，松露和各種真菌的子實體（fruiting bodies，真菌產生孢子的構造，也就是我們平常看到的菇菌部分）躲過了大火。細菌和酵母菌孢子就長在松露的表皮上。北美鹿鼠可能是北美洲分布最廣的嚙齒動物，為雜食主義者；牠們喜歡吃種子，但也不排斥堅果、漿果、蟲卵和幼蟲，或菇類。牠們會做大型的種子儲藏室（北美鹿鼠在美國西南部所儲藏的松子帶有致命的漢他病毒，會造成四角病），這表示牠們對家有很強的戀土情結，例如牠們被火災趕走後，很快就會回來。然而，大火摧毀了牠們大部分的食物供給，包括牠們的種子儲藏室。於是，牠們在晚上匆匆地跑來跑去，挖起松露飽餐一頓（過得還真不錯），沒多久就排出顆粒狀的大便，上面帶著消化不了的丁酸梭芽孢桿菌。「於是，」梅瑟寫道，「被燒過的土壤，幾乎馬上就被森林中的小型哺乳動物，以從活森林中搬運過來的松露孢子、固氮細菌、酵母菌重新接種。」

「幾乎馬上」也許有些誇張，但並不過分。太平洋西北是北美洲最多種動物社群的家鄉，鼹鼠、田鼠、花栗鼠、土撥鼠、鼩鼱、老鼠和林鼠等數十種動物都跟花旗松森林有關，北美鹿鼠和這些小型動物忙著把貧瘠的木灰轉化成肥沃的土壤。有一份研究指出，土氏鼩鼱、流浪鼩鼱、北美鹿鼠和爬行田鼠這四種動物，在火災清理過的森林區域裡，特別活躍。但即使有一群食蟲動物和囓齒動物的小型部隊來排便，大火之後，森林中的樹木可能要花五十年到一百年才能完成重生過程。

北美鹿鼠也喜歡吃花旗松的種子，它們碩大而營養豐富，而且落在空地上不太可能很久都找不到。我們這顆種子還滿幸運的。世紀大火冒出來的煙，讓大氣充滿了塵粒，而這些塵粒形成雨滴的核心，不出幾天，火後大雨在山谷那兒傾盆而下，灰燼溶於水中，然後滲入土壤。水流成河，數以千計的種子被大水從火災區沖出，順流而下。許多被沖到海裡，腐爛後就成了海中生物的食物。然而，我們這顆卻碰到了一個小型迴流，水道在一堆落石處突然轉向形成的小迴流，而種子隨著漩渦捲出到洪氾灘上，當大水消退後，就在此處安置下來。大雨不只沖刷土地，還清理天空，當雲消霧散時，太陽出來了，曬乾所有的雨水。

地球在繞行太陽的軌道上運行時，產生季節變化。最後溫度下降，而雨轉成了雪，因為我們種子所躺的高度，從十一月到四月，主要以降雪為主。大雪滿山滿谷，覆蓋了森林遺留下來的傷痕。現在只有矗立的木頭是黑色的，還有麋鹿和白尾鹿漫步所留下來的細緻腳印是黑色的，牠們沿著路徑快速往山下移動，那兒有好吃的牧草。

原始林

冰河撤退之後，百分之五十以上的地球陸地是森林——只要不是山、凍原、大草原、乾草原或沙漠，都有樹。全世界的森林占地一億二千五百萬平方公里，包括熱帶雨林、溫帶硬木林和北方針葉林。地球是綠色行星。樹木從大氣中吸收溫室氣體，並置換成復育生命的氧氣。它們把養分和氮貢獻給土壤，使其適合農耕。如果沒有森林，我們幾乎可以確定，地球上的生物還是以海洋生物為主。然而因為人類的活動，那些遠古留下來的森林很少不被破壞，而它們所保有的物種動，我們也所知甚少。有哪些脊椎動物、昆蟲、植物、真菌和微生物依賴原始林生存？當原始而複雜的森林社群被農業林，甚至次生林或三生林取代時，對氣候形態、沖蝕、風和太陽效應會產生什麼影響？南美洲、澳洲及紐西蘭、亞洲和歐洲的研究，幾乎才剛開始探究原始林及其特有物種的特殊性質，但強大的現代科技、爆炸成長的人口和消費的重度需求，以及全球經濟，卻正在消滅物種，有的物種甚至在還未被發現之前就絕種了。

在歐洲人來到太平洋西北之前，花旗松覆蓋超過七千七百萬公頃的山區和海岸棲地，從加拿大卑詩省中部南下到墨西哥，從東南方的喀斯喀山脊到威爾美和沙加緬度山谷，從海岸山脈頂上，下到幾乎觸及太平洋海岸線，那兒有一小片錫達卡雲杉、西部鐵杉和海岸紅木，把花旗松林和大海隔開。這是個相對年輕的生態系。在威斯康辛冰期結束時，差不多是一萬一千年前，氣候從極地氣候轉為溫帶氣候，迫使龐大的落葉林東移，並把溫和而潮濕的冬季和乾燥的夏季帶到西部，這種氣候很適合針葉樹。第一個移入的樹種是美國柱松，稱霸了數千年，直到氣候變得相當溫暖。然後花旗松取而代之，整個景觀被它們的樹冠、粗樹幹和密實的針葉占滿，在這新棲地上，完全勝過其他樹種——北邊的美國側柏和西部鐵杉；低地和山谷地區的太平洋紫杉和巨冷杉；南區的黃松、錫達卡雲杉、糖松、石櫟和太平洋瑪都那木（或稱楊梅）。總之，這些溫帶雨林的森林每公頃所支援的生物量比地球上任何生態系都要高。在這行星上的每個地方，樹木發展出不同的策略，利用其周遭獨特的氣候、地理和生態條件以求生存。

花旗松是先驅樹種，這表示它快速移動，有效進入沒有其他樹木的區域進行殖民，這特別有利於排除其他樹種，至少可在樹身長高以擋住陽光之前，排除其他樹木進入。接著，少數耐陰樹種可以在它們的枝幹遮蔽之下存活一陣子。但如果每隔幾年就來場清理大火，把附近的枯木和低矮灌木清掉以利其小苗生長，則花旗松會長得更旺。諷刺的是，鐵杉、側柏和冷杉等低矮樹種，也都是殖民樹種。它們在下面耐心地等待時機，直到那株大王樹長得太大了，超過其根系的負擔而倒下，然後，它們就可占據這塊地盤。

最早記錄花旗松的植物學者是十九世紀的自然作家繆爾。他稱之為花旗杉，然而，卻低估了命名學上的問題。花旗松並不是冷杉、或雲杉、或松，雖然常常被這麼稱呼。這就是為什麼花旗松的英文 Douglas-fir 中間加個連接符號的原因。該樹的學名 *Pseudotsuga menziesii* 也沒有太大幫助，*Pseudotsuga* 的意思是「假鐵杉」，而 *menziesii* 則是孟納氏的名字，他是溫哥華「船長發現號」上的皇家植物學者，當該船航行到北美洲西岸時，他採集到這種樹的幼苗。

對繆爾而言，花旗松是「目前為止我在所有森林中所見過最雄偉的雲杉，也是整個主要針葉區裡最大、最長壽的巨木」。雖然從他的南加州觀點來看，以花旗松為主的奧勒岡森林太密又太暗，而高山地區的花旗松林和糖松林則是稀稀疏疏的，而且

「在中午，沒有被太陽照到的森林地表只有百分之二十」，這簡直是天堂。「這種強壯的雲杉，」他寫道，「永遠那麼美麗，一個世紀又一個世紀，經歷了一千次的暴風雨，依然青春永駐，迎接山上的風雪，以及夏日和煦的陽光。」在歐洲人來到之前，花旗松林是原始林。

沒人可以明確知道北美洲在歐洲人來之前到底住了多少人，但考古學和DNA上的證據顯示，北美洲遠比哥倫布在希斯盤紐拉建立第一座絞刑台更早之前，就已經有稠密的人口、豐富的歷史和多元的文化。目前估計是十四世紀時，居住在新世界的人口已經高達一億一千兩百萬，其中有一千兩百五十萬人落腳格蘭德河以北。當時之所以有這麼多人住在太平洋西北，原因或多或少和今天許多人住那裡的理由相同：氣候溫和、漁產富饒、森林有豐富的動植物資源，還有山做為屏障，以防該大陸上其他地區的人覬覦此處。最近，沿海小島和洞穴地點等冰河時代末經冰河覆蓋的地區，有考古證據顯示，這些人的祖先並沒有像以前所假設的那樣，跨越白令陸橋之後走山路過來，而是更早之前就搭船過來，可能是來自波里尼西亞群島的原住民，和澳洲祖先的來源一樣。他們從海上過來。

大約這個時候，我們的種子就浸在陽光裡，旁邊有些掉落的石頭和岩屑，而阿茲特克帝國則正在建設首都特諾奇提特蘭，現在稱為墨西哥市。太平洋西北並沒有進行這麼大的都市計畫，但人口也算不少。沿海薩利什人分布於北到溫哥華島北方，南到哥倫比亞河之間的低窪地區，居住在小型的氏族村莊裡，每村約有三百人，維生的方式是在河裡捕鮭魚、海邊採集蛤蜊和蚵，以及貿易——每個村莊也是個商業中心。村子很小，但很多。每個村子約有一百戶。沿海薩利什人使用樹也尊敬樹，用美國側柏製造獨木舟、長屋和墓碑，因為這種樹夠大，但比花旗松容易砍伐，也比較軟，方便雕刻，最重要的原因可能是就它們長在海岸線。他們甚至用其樹皮做成夏季衣服，和波里尼西亞人一樣。岸邊的原住民文化，和全世界每個地方的人一樣，利用他們敏銳的觀察力，發現土地上的樹木有許多用處。他們用雲杉的根做籃子，用側柏做圖騰柱，用新折的赤楊枝條來燻鮭魚，用雲杉的樹膠來覆蓋傷口。這就是鮭魚－森林人。

華盛頓．歐文於一八三六年描寫（才接觸不久的）沿海薩利什人，他記載：「在他們的想法中，有一種仁慈而萬能的靈，是萬物的創造者。他們以各種快樂時的形態來描述他，但一般而言，他是一隻巨大的鳥。」當這隻鳥生氣時，閃電發自他的眼睛，而雷則是他在拍打翅膀。他們也談到第二個神，代表火，最令他們感到害怕。

這「大鳥」就是渡鴉。渡鴉有點像是會飛的土狼，是個騙子、變形者。渡鴉存在於印第安海達族說故事者兼藝術家雷德，以及詩人兼譯者布靈荷的作品裡，「在萬物出現之前，在洪水淹沒大地又退卻之前，在動物於地上走路、樹木覆蓋土地，或小鳥在樹叢中飛翔之前」，渡鴉偷走了光，交給天空。他從水獺那裡偷走鮭魚，交給河流流到海洋。而在大洪水退走之後，他發現，一具躺在沙灘上的巨蚌中，裝著一大群小小的、有兩條腿、沒羽毛也沒鳥喙的動物。他用低沉的聲音叫他們，而他們則匆匆忙忙地跑出蚌殼，傻傻地看著還不太習慣的太陽。他們就是最早的人類。

古巴比倫有一則關於渡鴉和洪水的故事。巴比倫人諾亞和諾比斯汀在大洪水來襲時，建造了一艘方舟。他想知道水是否已經退去，於是派鴿子去尋找陸地。鴿子找不到地方降落，就回到方舟。過了一陣子之後，諾比斯汀派燕子出去。燕子也找不到土地就回來了。諾比斯汀拿出一隻渡鴉放牠走。渡鴉飛走了，沒再回來。

現在我們知道為什麼了。渡鴉降落在太平洋西北的一處海灘上，並且忙著哄從蚌殼裡跑出來的第一群人類。西海岸的第一群人來自海上。

種子的周圍環境

當雪開始融化，我們種子下面的土壤變暖和，生命在裡面蠢蠢欲動。在此處，它有個伴侶：第一個搬進來的開花植物。雙色羽扇豆開始往斜坡上長，更接近之前的火場。因為種子的落點不像高處地區燒得那麼澈底，周遭的土壤也就不會那麼缺乏氮，而羽扇豆在缺乏氮的土壤裡卻長得很旺。那裡還有更多的普通火草，又稱柳葉菜，同樣是三公尺高的植物，分布於更北邊，首先在冰河撤退後所留下來的砂礫地定居：它喜歡火和冰。羽扇豆和柳葉菜在整個燒過的山谷裡長得很茂盛，但在碎石灘這裡，有一種較小而較少見的闊葉柳葉菜則長得很好。它的高度只有三十公分，但其粉紅四瓣花的色澤比高大的同類來得深濃。

繆爾於一八八八年走過奧勒岡州一處花旗松林下的空地，寫說他踏「入了一座迷人的野生花園，充滿了百合、蘭花、石楠草和玫瑰等，色彩鮮豔而花團錦簇，它們讓人工花園，不論多細心照顧，都顯得可憐而愚蠢」。我們可以合理假設，上面所提及的野花，有一部分早在一三〇〇年就帶頭長在我們那顆種子的周圍。所提到的百合可能是哥倫比亞百合，俗稱老虎百合，這一帶隨處可見，潮濕的森林裡和開闊的草原上都有。雖然要到六月之後，才能看到令人熟悉的帶著紅褐色斑點的橘色花瓣，不過其無莖的幼苗在四月下旬就開始穿出土壤。費城百合也是紅褐色斑點的橘色花，這區域裡也很多。

繆爾所看到的蘭花是搔首弄姿的模特兒。蘭花是植物中最大的一群，全世界有三萬多種。許多是腐生性，這是極為原始的蘭花，主要靠吸收腐敗植物的養分，因而不需要葉綠素。毫無疑問，繆爾所看到的蘭花是粉紅布袋蘭，又名鹿頭蘭，在巨樹常年遮蔭之下的苔蘚林地上非常多。布袋蘭引誘蜜蜂進入，停在其粉紅花朵大而噘起的唇瓣下部，一進到這裡，唇瓣上部就閉起來，把蜜蜂困在裡頭；當蜜蜂掙扎著想要脫困時，會猛然撞擊蕊柱，拾起花粉蓋，當牠脫困後，也許會將其送進另一朵花。

繆爾似乎發明了「石楠草」這個名詞，但石楠科植物包括藍莓、野蕎麥，和熊果等常見植物，是一種常綠灌木，把這個字帶到西方的歐洲商人和捕獸者又稱之為「沏泥沏泥」，這是印第安歐吉布威語「混合」的意思，因為其葉子乾燥後和菸草混合，可以在長途旅行中讓糧食放久一些。其莓子也可以乾燥後搗碎，混著鮭魚油下去炸，因此，沏泥沏泥這個名字，對住在海邊的沿海薩利什人來說，可能有點道理。另一種繆爾所描述的石楠植物：岩鬚，有著「極為纖細蔓延的枝條和鱗狀葉」，是一種小型植物，於七月「在冰河湖、草原和整個溼沼附近，散布著一條又一條搖曳生姿的可愛花朵」。而繆爾所說的玫瑰可能是一大群植物的總稱，從真正的玫瑰到野草莓、印第安櫻桃樹，或稱擬櫻桃，還有壯觀的假升麻，這些都是薔薇科植物，全都可以在冷涼、高海拔的花旗松林地裡發現。

這些開花植物不會傷害花旗松的種子。雖然當這棵樹長到幼樹高度時，它將不需要，也不能容忍遮蔭，但做為一顆種子，它需要保護，以免被太陽灼傷。和各種樹的種子一樣，它已經包含長成一棵樹所需的各種東西。它在脫離毬果前受精。它已經度過冬季的休眠階段。它是希望的容器，帶著執行生命新陳代謝程序所需的所有累積基因資訊。在一處落地生根，它必須從該處吸取生存所需的其他東西：來自空氣中的二氧化碳、來自土壤的水分和其他元素，以及來自太陽的光線。

它躺在土壤上，像把上膛的手槍。胚根、胚軸（胚的莖）和五到七片子葉，包在胚乳裡頭，以堅硬的外殼，或稱種皮，做保護。它有一整間屋子的食品儲存在胚乳和子葉裡，以碳水化合物的形態，帶著它度過發芽後的前幾天，提供成長所需的養分，直到成為幼苗開始行光合作用。

當春天來到山谷，兩隻渡鴉在一株完美無瑕的花旗松上落腳，位置比種子還要高，經常要飛下來到小河喝水。渡鴉具有無窮的吸引力。牠們是鴉科中體型最大者，這個族群包括烏鴉、松鴉和鵲，渡鴉雙翅展開超過一公尺，使得牠們比許多鷹類還大。牠們什麼都吃，包括冬天裡的樹芽，但牠們還是比較喜歡吃肉。牠們會搶奪其他鳥巢裡的蛋和雛鳥，尤其是在濱鳥群聚之處。牠們會抓一、兩隻走錯地方的北美鹿鼠。牠們花很多時間在海邊或河邊閒晃，只要是活的都抓，無一倖免。牠們整個秋季都加入鮭魚潮，把擋在前面的白頭海鵰擠開，並以牠們的喙部翻動石頭找魚卵吃，魚卵裡頭包著能量和營養。牠們用樹枝做成雜亂的鳥巢，建在懸崖邊或最高的樹上，而花旗松實在也是夠高的了，但牠們用威脅的眼睛盯著地上，尋找食物。牠們沙啞而低沉的叫聲是各種歌劇技巧的一部分，變化多端令人驚喜，包括低鳴聲、哀嚎，和旋律優美的咯咯歌聲，這個鳥類中的路易阿姆斯壯突然唱出像平克勞斯貝那樣的低沉歌聲。

牠們的聲音絕對是最大，但畢竟不是山谷裡唯一的聲音；渡鴉是交響樂團裡的銅管組，而更細膩的音符則由斯溫氏夜鶇、綠鵙、黃色林鶯和其他春季回來的候鳥擔綱。這裡的黃色林鶯是阿拉斯加變種，是聲音高吭的北方亞種一員，在飛往阿留申和阿拉斯加狹長地途中路經此地。牠們吃東西時像個緊張的觀光客，避開開闊空間和大樹，而在河床旁和火災後的新綠處周圍低矮的闊葉灌木林中覓食。牠們匆匆地在枝椏間移動，跳過來跳過去，以神奇的速度啄食大小蜘蛛，牠們的鮮黃色調在陽光中閃閃發亮。

一隻黑白雙色的北美黑啄木鳥看起來令人吃驚，宛如一隻正在飛行的化石鳥，也許是始祖鳥，羽毛又神奇地長出來了。牠展示出對木蟻的無限專注，但這並不妨礙牠吃樹皮小蠹，在東方，這一科的昆蟲是致命的荷蘭榆樹病媒蟲。在此地，牠們以花旗松蠹蟲這個不吉利的名字做為代表，這是一種背部黑亮的小甲蟲，特別喜歡曾經被火輕微傷害過，或因夏季過度乾熱而削弱抗蟲害能力的健康花旗松。母蟲於春季鑽透樹皮，進到樹的形成層，吃出一條產卵通道，可能長達半公尺，並把卵產在裡頭；幾星期後卵就會孵化，白色幼蟲一路津津有味地吃著，形成一條新的進食通道，直到牠們在秋季鑽出來，成為成蟲。北美黑啄木鳥以爪子抓住樹皮並用尾巴把自己撐住，頭轉到一邊，好像在傾聽進食的聲音。在此同時，牠還時時留意冷杉吉丁，其母蟲並不挖進樹裡，但會把卵產在樹皮的裂縫中，而北美黑啄木鳥很容易就可以看到牠們古銅黑色的甲蟲狀身體在太陽下閃閃發亮。

植物學之誕生

古希臘人懷疑，樹有很多部分是無法用肉眼看到的，其中一位古希臘人，他的觀察紀錄一直保持至今，他就是林奈尊為植物學之父的泰奧弗拉斯多。西元前三七一年，泰奧弗拉斯多生於萊斯沃斯島，即今日的麥特林。泰奧弗拉斯多年輕時就被送到雅典向柏拉圖學習。亞里斯多德死後，泰奧弗拉斯多不只繼承了他創立的學園和其廣大（而且是第一座）的植物園，還繼承了亞里斯多德的私人圖書館，一般人認為這是當時希臘最大的圖書館。泰奧弗拉斯多的二百二十七篇植物學論文和《植物史》及《植物本原》二書，幾乎可以確定是摘自亞里斯多德本人對植物之功能、生理和意義的觀察。

泰奧弗拉斯多把這些觀察加以改善並擴充。他很少會放心地接受，而是仔細檢驗他所接觸到的資訊，不論資訊是來自最基層的切根人（供應藥用植物給雅典藥師的根部採集者），或是來自大師自己。例如，亞里斯多德推測，樹被毀壞之後還可以繼續活著，因為它們含有某種「生命原」，存在於樹的各個部分，而且由於這種普遍的生

北美黑啄木鳥

命力，它們永遠是「一部分死亡，一部分誕生」。但對亞里斯多德而言，樹主要是哲學上的觀念；他談的不是某一棵特定的樹，而是在柏拉圖洞穴牆上晃動的「理想樹」影子。亞里斯多德並不是現在所謂的田野科學家。

泰奧弗拉斯多則是。他走到外面去看樹。他把樹挖起來檢查它們的根。他解剖種子和果實。他把它們分門別類，分成喬木、灌木和草本植物，並談到，有些樹長在山區（他提到冷杉、野松、雲杉、冬青、黃楊木、胡桃和栗樹），有些樹則喜歡長在低窪地和平原：榆、梣、楓、柳、赤楊和白楊。他相信松和杉在南面向陽的坡地長得很茂盛，而硬木樹則在山的遮蔽面長得比較好。他看到長在冷涼地區的落葉樹，其樹幹筆直無分叉，而在充分日照下的樹偏向於分成兩、三枝樹幹，於基部相連接。

雖然泰奧弗拉斯多因為看到樹受傷後自我修復的能力，甚或可以離地生存的能力，而接受亞里斯多德的生命力說法，但他還是去檢驗這種力量如何傳送到樹的各個部位。他認識到根是「樹木吸收養分的部位」，而莖則是導管，把養分傳送到葉子。他想不出來葉子有何用處，並且懷疑樹葉到底是真正的器官或只是附屬物，但他描述了數百種葉子，以其形態做為區分出不同物種，或是把乍看不一樣的植物歸併為同種的方法。他寫到種子發芽和幼苗發育的部分，正確判別出種皮裡的胚根先長，然後才是根。泰奧弗拉斯多是真正的田野觀察科學家，而他在植物學上的權威，一直延伸至中世紀，甚至更久；在此同時，我們那棵樹正要開始它的生命，吾人今天對植物形態學之了解仍然和泰奧弗拉斯多差不多，可能更少。

第二個希臘偉大植物學家是迪奧斯科里斯。他大約於基督年代生於地中海沿岸的西利西亞，為羅馬軍醫；大約西元五十年，也許是在埃及，他使用現在已經消失的亞力山大圖書館。他的唯一著作《藥物論》探討六百多種植物的藥學特性，該書似乎是做為醫師甚至於一般市民的指南，而不像泰奧弗拉斯多那樣的學術著作。迪奧斯科里斯在告訴大家植物藥的製備及最有效的應用方式時，對植物為什麼會有療效並不怎麼有興趣。

許多迪奧斯科里斯的草藥仍沿用至今，包括：杏仁油、蘆薈、顛茄、爐甘石、薑、刺柏、馬鬱蘭和罌粟等。他也描述提煉自動物和礦物的藥。迪奧斯科里斯的著作據引述，一直到十七世紀都是草藥上最權威的著作，即使是北歐的醫生，雖然他們附近很少有書中記載的植物，卻也都參考此書。《藥物論》在藥界之地位，一如《聖經》之於宗教界。該書有數種拉丁文翻譯，一直是主要的參考書；一三〇〇年，義大利自然史學家達班諾在巴黎講授迪奧斯科里斯，後來又回到帕度亞，熱情地擁戴迪奧斯科里斯所堅持的理念：尋求所有自然現象的自然原因——事實上他熱情到被控訴為異端邪說，因為他質疑基督誕生的神蹟，雖然他在審判前就過世了。他的命運不只顯示科學和宗教間的分歧愈演愈烈，還顯示出，只是單純研究植物，竟然會對毫不相干的事務造成這麼廣泛的衝擊。達班諾死於一三一五年，四十年後，他的著作受到譴責，而他的屍體則被挖出焚毀。

在野花新葉的遮蔽下，這顆種子開始進行煉金術程序，吸收空氣中的基本元素、陽光和水，並轉化成生命。它的開始過程，只需要一點點溫度和濕度，這在太平洋西北普吉谷的向南坡地的定義裡，就是春天。

第二章　生根

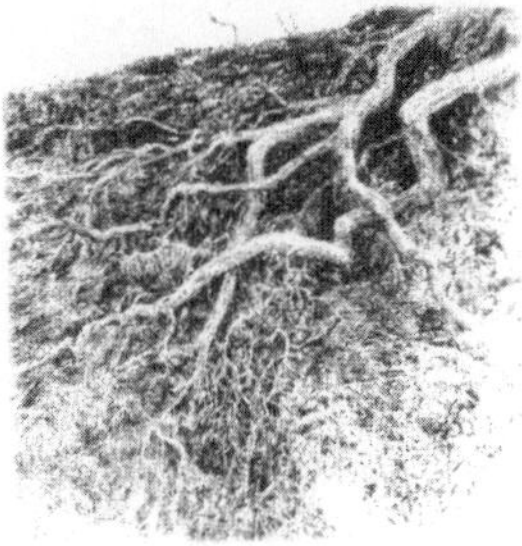

我是風之聲
也是浪和樹
的力量來源
欲念堅定卻無定向

——羅伯茨〈原住民〉

我們那顆種子落腳的向南坡地高處，水分、溫度和氧氣都很充裕。種子四周是忙碌的生活。從林地裡鑽出來的昆蟲，宛若被陽光照亮的灰塵粒子，在天空穿梭過樹頂的銀灰日光中，快速地閃著。空氣中充滿了牠們的振翅聲。羊齒蕨像某種神祕的蛇，開始張開捲曲的線團，伸展成龐大的葉子。有幾區的奶油木開始冒芽；它們會長到

三、四公尺高，而它們長長的枝條則已經懸滿香甜多汁的奶油色花朵。花旗松林裡的生命不僅豐富，還很壯觀。

現在，我們的種子已經完全醒來，其體液開始流動，引擎發出低吼聲。胚根在外種皮裡蠢蠢欲動。這是這動植物最先長出來的部分，穿過種皮的一個小開口，或稱珠孔。它戴著根冠，這是一頂寬鬆的細胞硬帽，當根部穿入粗糙的土壤時，保護其脆弱的根尖不受傷害。根的生長方式是在根冠後面進行細胞分裂以增加自己的數量；根裡面的細胞還分化成特殊形態的組織。其中央，或核心，含有木質部，這種組織係由眾多相互連接，細長而中空的細胞，即管胞所構成。每個管胞的兩端皆封住，像個小膠囊，具支撐和運送水分的功能，從根壁，或內皮層，進入木質部。水分經由管胞牆上的小孔滲入，然後傳給上面的一個管胞，如此輾轉相傳到植物的其餘部分。

我們尚未完全了解水分在樹裡面的傳輸機制。一棵長成的大樹，管胞柱可以從根部延伸到樹頂，把水分升高到離地一百公尺以上。在細管子裡，水分可以被表面張力拉上來，稱為微管作用，但這個過程，只能讓水分上升數公分而已。滲透作用，水分從較稀的鹽溶液移向較濃的鹽溶液，解釋了水分從土壤進入根細胞的拉力，但如何從根部拉到葉子或針葉則依然神祕莫測。當前最受流行的假說是，葉子上的蒸發作用在其後面產生了一個真空部位，而這個真空部位經由木質部把水吸上來。可能還有水泵機制，主動推拉水分子。當木質部束被刺穿（例如被穿孔蟲刺穿），空氣就跑進去了，而這一束木質部此後終其一生將停止運送水分。

第二種組織是韌皮部。韌皮部很像木質部，但為篩胞構成，篩胞也是沿著根系端端相連；篩胞和木質部的管胞行使類似的功能，但其內部的液體可以雙向流動，把儲存在子葉裡（以及後來從闊葉或針葉製造出來）的養分，下傳到根部。管胞和篩胞是摩天大樹裡上上下下的升降梯。

祕密生活

我們的樹已經開始過它的祕密生活。至少，對我們而言是神祕的，因為，經過千年來的研究，我們對樹還是有很多問題不了解。有些是實體性的問題——譬如說，它產生多少種荷爾蒙。但還有一些非實體領域的疑問。樹是一個獨立的個體，抑或要透過與其他動植物個體的結合，才能達到其真正的天性？科學家猜測，二者皆有可能。

樹是社群生物，有時候，甚至達到共產主義的程度：它們以一大群的方式一起生長，好像是為了舒適或保護。它們和附近其他的樹建立關係，包括異花授粉的性關係，甚至還會和同種及不同種的樹溝通；它們為整體利益而運作，其方式有時令人嘖嘖稱奇；它們會像人類為了食物而種豆子一樣，與其他的物種形成共生關係——即使其他物種和它們的關係相當疏遠，屬於不同目。「樹是社會生物，」英國文學家符傲思在《樹》一書中寫道，「更甚於我們人類，相較之下，孤立無援的水手或隱士更像個與世隔絕的怪胎。」要了解一棵樹，我們就必須了解整座森林。

但有些樹是孤立無援的水手。一八六五年，當馬克吐溫於優勝美地國家公園東邊，加州的夢娜湖裡，駕著獨木舟划向湖中央的火山島時，他發現一處景觀，被一再噴出的火山完全毀滅，「除了灰和浮石之外空無一物，」他寫道，「我們每一步都陷到膝部。」他從未見過比這更荒蕪、更沒有生命的地形。島中央是「淺而廣闊的盆地，上面鋪著一層灰，還有東一堆、西一堆的細沙」。然而，活火山還有蒸汽噴出，在那附近，他發現「島上的唯一一棵樹，一棵小松樹，有著最優美的樹型，完全對稱」。實際上，該樹因為靠近火山而獲利，「因為水氣不斷地飄過枝條，使其常保濕潤。」有關生命的堅持和生命的自食其力，再也沒有比凶惡盆地裡的那棵孤松更具說服力的見證了。

樹，雖然喜歡交際，卻也相當地個人主義，因此，在其一生中，終究會碰到生死攸關的抉擇，它將毫不思索選擇對自己生存有利，或對其子孫生存有利的方向。在面對生存問題時，樹是個封閉系統。由於一開始就很幸運，降落在有利生長的情境裡，每棵樹都已經，或能夠，為自己取得向簡單而特定目標邁進所需的所有東西，其目標就是活得更長，也夠健康，足以產生後代，把其部分遺傳物質攜向未來。森林並不只是一堆樹而已，它是許多生物的社區。但裡面的每個個體能夠以符傲思所謂「個體有別於群眾」的方式突顯自己。從花旗松的觀點而言，群眾就是被火處理掉的那些植物。

樹是社群的一部分，但樹本身也是個社群，包含不同部分——根、莖、枝、針葉、毬果、內面樹芯和外層樹皮。樹之所以能自給自足，乃是靠著一套長期發展出來的網絡，把各個成員聯結起來，其間的聯繫則或疏或密。它不只要把水從地上運到葉子，把養分從葉子運到根部而已，其他的化合物也要有效移動，甚至還要比水及食物的移動更有效率。

例如一株成熟的花旗松要花三十六個小時，才能把水分從根部送到樹冠；而驅趕入侵昆蟲或治療折損枝幹的化合物則必須更迅速就定位。人體的各個部位有許多系統負責交通和資訊傳遞：中樞神經系統、交感神經系統、淋巴系統和免疫系統。樹比人類更早出現，事實上，遠比哺乳類更早。地球上，樹的種類比哺乳動物種類還多；其實，蘭花的種類幾乎就和哺乳類動物的種類一樣多。而且，樹還演化出一套屬於它們自己的複雜系統，以管理生長、生存、修復和防護等功能。泰奧弗拉斯多猜測樹的脈管裡流著「生命原」，這並沒有錯得很離譜；而英國植物學家格魯於一六八二年所寫的書《植物解剖學》中寫著，花粉「落在種子箱，即子宮上，以多產的精力和生命氣味碰觸之」。這也不離譜。樹如何產生樹？這二位作者都試著表達出他們感受到的神祕內在生命力，但我們一直要到最近，才真正開啟一扇窗，得以一窺這股力量。

樹的神祕系統中，第一個經由科學驗證出來的「生命氣味」就是生長素，即植物生長荷爾蒙，刺激細胞分裂、擴大和分化。偉大的德國植物生理學家及理論家薩克斯最先證明植物種子以澱粉形式儲存養分，而這澱粉，正是光合作用第一個吾人可以察覺的產物，而且，在根的形成當中，細胞擴大比細胞分裂還重要。他在一八六五年指出，負責形成花和種子的「形成特殊器官的物質」，乃是在葉子中產生。雖然他無法成功地分離出，甚至找到這些物質，但他的影響非常大，讓一整個世代的植物科學家去尋找這些物質，最後終於證實了他的預測。

一九二〇年代，一群由荷蘭植物學家文特領導的荷蘭烏特列芝大學研究人員終於說，我發現了。烏特列芝大學一開始想要了解的是植物的「向性」觀念——研究植物為什麼會對各種外界影響產生反應的原因，例如光（向光性）、水（向水性）和重力（向地性）。他們感到很奇怪，為什麼植物的根從種子長出時，即使種子在地上是上下顛倒，卻總是往下長？傳統的理論認為根有向地性——其重量把自己往下拉。但如果是這樣，那麼，他們推論，是什麼因素造成根不再往下長，而開始水平生長？雖然大多數的樹，包括花旗松，中央有個胡蘿蔔似的主根，但百分之九十以上的樹根系統是在地表四分之一公尺的範圍內水平伸展。而且，如果植物具有向地性，那麼，是什麼因素推著植物的莖部抵抗重力，一直往上長？

烏特列芝學院發現，植物的器官，特別是葉和芽，會產生荷爾蒙（生長素），在韌皮部裡隨著養分從莖部往下移動，而集中到需要細胞快速生長的區域。像我們這樣的幼樹，種苗開始顯現生命跡象，這些地方就在根冠後頭及胚幹，即胚芽中。

來自種皮的生長素會往下移動到根軸，也會進入幼胚幹，但它們並不會平均分布於各部位的細胞間；因為它是大分子，受到重力影響，而集中於下半部，就好比沙混著水，在水平的管子中移動。接著生長素的三項特性開始發生作用。首先，適當濃度的生長素會刺激細胞分裂和生長，但濃度太高會抑制生長；其次，影響根部生長所需的濃度遠低於莖部所需之濃度；第三，陽光會降低生長素促進細胞分裂的能力。這三項特性合在一起，解釋了何以根總是往下長，而莖卻向上長。集中在根的下半部的生長素，其濃度高到足以抑制對生長素敏感的細胞之分裂；從而，生長素含量較少的上半部就長得比下半部還快，於是根就會向下彎。同時，累積在樹苗胚芽底部的生長素會刺激生長，但落在胚芽上半部的陽光會抑制生長，所以胚芽就向上抽。結果，種苗的根往下長，而莖則朝向陽光上升。隨著種苗之伸展，生長素的分布就變得更為平均，所以莖就變得筆直了。

植物荷爾蒙有許多種化學態。一種是吲哚乙酸，果農用來噴灑果樹，促進均一生長。乙烯是另一種荷爾蒙，用來加速果實成熟。而合成除草劑 2, 4-D 是另一種生長素，會殺死某些闊葉植物而保留其他植物。類似的生長素 2, 4, 5-T 則含有戴奧辛，這種化合物會導致人類流產、畸形兒和器官病變：2, 4-D 混合 2, 4, 5-T 稱為橘劑。

數個世紀以來，自然哲學家一直在苦思生命活體和無生命物質之間的差異。生命和非生命之間有什麼區別？我們都已經知道，生命是由無生命的分子凝聚而成。生機論者相信，活體中有某種生命力，某種實體物質讓無生命的東西具有生命，而死亡時這些物質就跑走了。他們秤活生物的重量，殺死生物，然後再秤，企圖證明生命力是一種物質，可以偵測。事實上，空氣經常被聯想成精神，因為，沒有空氣就沒有生命。英文中還存著這樣的感覺：inspire 是吸氣，但也有鼓勵創造的意思；而 expire 則兼有呼氣和死亡的意思。

早期的化學家知道，生命的基礎是蛋白質、核酸、脂肪和碳水化合物的分子——都含有碳。他們假設只有活生物才能製造這些複雜的碳基分子，這個假設一直到一八二八年才被德國化學家哈柏推翻，他用銨和氰酸鹽合成尿素，一種存在於尿液裡的有機化合物。幾年之後，他的學生柯爾柏則製造出另一種有機化合物，醋酸。顯然試管化學可以複製生命的化學反應過程。

當牛頓（一六四二－一七二七）在光學和重力上的研究，造成物理學革命時，他把宇宙視為一個浩瀚的機械結構，一具大型時鐘，科學家可以分析各個零組件的方式來探索。他開啟了新的科學方法論，稱為化約主義。根據這種方法的假設，對大自然一點一滴的研究成果，可以像拼圖遊戲一樣，最後拼出全貌，解釋宇宙的運作方式。化約主義在取得及檢驗大自然資訊上，是個有力的工具。但是當科學家研究過活生物的零件後，他們發現零件本身也是由零件所組成——分子，而分子又是由原子組成，最後，原子是由夸克所組成，（目前為止）夸克是所有物質無法再分割的結構。在夸克層次，生命和非生命根本無法區別。這個最基礎的結構，並不能讓我們了解發育、分化或意識等複雜過程的全貌。因為如此，現代生物學和醫學遂與假設「見微知著」的化約主義分道揚鑣。誠如古生物暨演化生物學家古德所言：「生物絕不只是基因的混合體，它們自有一套歷史，別具意義。生物體的各部份以複雜的方式互相影響、交互作用。」現代生物學和醫學繼續採用化約主義的假設運作，檢驗各種片段，他們相信最後可以拼起來，解釋整體。

生命本身就是化約主義的反證，見證了整體大於個體的加總。還有，生命和非生命在外觀上的差異顯示，如果物質的最終粒子裡沒有生命力或精神存在，則生命必然是來自各個非生命零件之間的互動集合，一種產生呼吸、消化和繁殖這類突現特質的綜效。

神奇的真菌

「我們現在已經抵達，」大仲馬在一八六九年的《美饌大辭典》裡寫道，「美食家的 *sacrum sacrorum*，念這個名字，老饕無不傷透腦筋——這是 *Tuber cibarium*、*Lycoperdon gulosorum*，也就是松露。」

他接著談到，要寫松露史，免不了要涉及文明史，這就是他接下來所做的事。羅馬人已經知道松露，他說，但希臘人更早之前就開始吃松露了，由利比亞傳入。似乎松露的熱潮從未退過。當英國遊記家及《林木誌》作者艾夫林於一六四四年到法國旅遊時，他在道藩省那站的遊記裡寫著，「（雖有其他美食，）一盤松露，令人回味無窮，這是某種地果，以訓練過的豬去找，可以賣得極好的價錢。」

大仲馬所說的 *Tuber cibarium* 其實是真正的美食柱松露，但他所謂的 *Lycoperdon gulosorum* 則可能是芽狀馬勃，形狀如球，常常被誤認為松露，未成熟時可食。松露挖出之後（只有母豬能接受這種訓練），這種菇不是用鵝肝調味，做成鵝肝派，就是以各種誘人的方法烹煮。松露不只是一種時尚；在歐洲，松露已經成為法國文化的優越象徵。而且有人認為松露具有壯陽效果，直接和著生蠔吃。「時髦的好色男人，」一名十五世紀的義大利名流寫道，「在做愛之前吃松露開胃。」結果，松露的確可以刺激性欲，至少對母豬有效：現在已經知道它們所含的男性荷爾蒙，雄性固酮是一般公豬的二倍，因此，當母豬用鼻子把松露挖出來時，牠們大概覺得要翻雲覆雨一番，而非飽餐一頓。

子實體具有強烈雄性荷爾蒙味道，是真菌繁殖策略的一部分。松露裡塞滿了孢子，當孢子成熟，可以釋放到空中時，這對長在地底下的生物而言是高難度的技巧，於是松露就釋出雄性固酮費洛蒙，而森林裡的熊、豪豬和老鼠等雌性動物，不必訓練就會跑來，把松露挖出來吃掉，然後把孢子排泄出來，孢子有堅硬的外殼保護，安然通過動物腸胃，沒被消化掉：發射完成。

到了十九世紀末，普魯士國王要真菌學家哈奇想辦法在國內種松露，以對抗自法國進口的野生松露。哈奇像古生物學家挖掘一堆錯綜複雜的骨頭一樣，仔細地挖地底下的真菌系統。他發現真菌的親代並不只是長在土壤裡，它們還把自己附身在附近大樹的完整根系上——在本例中，主要是櫟樹。真菌和樹根其實是互相長在一起，看起來幾乎就像是單一的生物。哈奇稱這種複合生命體為菌根，這個字的原文是真菌和根的意思。他仔細思考這種特殊合作的特性；除了松露和食用菌之外，人類和真菌的關係一向是敵對的。我們將之和腐爛與疾病連在一起，而事實上也是如此。除了像香港腳、酵母菌感染和頭皮屑等各種真菌所造成的小毛病之外，有的真菌還是三種肺炎、一種腦膜炎的元凶。而植物有許多病也是真菌入侵所造成。我們的直覺認為，植物的根被真菌「感染」之後將會生病、死亡。但在菌根的安排方式下，雙方互蒙其利。

一八八〇年代，法國科學家繆升延續哈奇的研究，繆升的興趣在於植物呼吸和根部發育。繆升觀察到，某些真菌似乎和特定植物有特殊的親和性；有些只有在樹根，而有些則似乎喜愛草本植物。幾年後，另一名法國植物學家諾埃爾在研究蘭花的繁殖時，讓菌根關係往前邁進了一大步，他斷定，所有的蘭花都靠真菌提供養分——換句話說，和這個最古老的植物後裔所建立的菌根關係是不可或缺的，因為如果沒有真菌這個夥伴，蘭花就會枯死。

現在吾人相信，幾乎所有的菌根關係，如果不是不可或缺，就是一種常態；不需要真菌夥伴的植物種類很少，而有真菌夥伴的植物則長得更好；不過，這種依存關係偶爾會造成反效果。彼得．渥雷本在《樹的祕密生命》中提到，在他的德國家鄉，每當森林裡有一棵花旗松遭閃電劈倒，方圓十五公尺內的所有花旗松也隨之死亡。他寫道：「顯然，周圍的花旗松和那棵直接受害的花旗松彼此相連。而那一天，其他幾棵花旗松接收到的不是維生糖份，而是致命電擊。」加拿大森林研究員希瑪也觀察到類似的「地下連通性」：她發現，在清理林地時，若大量砍伐紙樺樹（北美白樺），會使花旗松的數目連帶下降。

化石證據顯示，這種相互依賴的關係，四億年前就存在了，就在第一群入侵陸地的植物。梅瑟寫道：「事實上，陸地植物可能發源自海洋真菌和綠藻的共生體。」因為登上陸地的海洋植物沒有自己的根，它們必須利用真菌來獲得足夠的水分和礦物質，才能在乾燥的陸地上生存。而對真菌來講，它們需要植物行光合作用產生的食物。

真菌大約有九萬種，它們因為沒有植物所擁有的葉綠體，無法自行製造食物。然而，它們還是需要糖這種形態的能源才能繁殖，於是菌根菌就入侵活植物的根部，從寄主植物那裡擷取糖分。事實上，它們所擷取的糖分非常多，足以擴展成巨大的面積。如果故事就是這樣，那麼真菌就是寄生生物，而樹最後會死亡。但真菌以互惠原則換取利益；為了回報它們從樹所拿到的糖分，它們龐大的菌絲網絡為樹木根系提供礦基裡根系達不到或吸收不到的水分和養分。

樹定著在最初種子掉落及根所長出的地方，命運就固定在單一落點上。此後，樹就無法逃避掠食者和害蟲，無法到其他地方尋找食物，也無法遷移到更有利之處。其擴張之根系，必須找到水分和溶解的養分，同時還要支撐不斷成長的樹身，以抵抗風、雨和洪水。根的效率端視它們穿入土壤的距離以及和地下物質接觸的表面積而定。真菌菌絲所形成的墊子大幅提升樹所能探索到的土壤量。它吸收水分並傳給樹。菌絲還比樹根更善於吸收土壤中的關鍵養分，諸如磷和氮等，它們用這些養分和樹換取糖分。它們會分泌酵素分解土壤中的氮，有時甚至還會殺死昆蟲，吸收昆蟲遺體中的微量元素，然後傳給樹。

真菌／蘭花的關係是內生性的，這表示真菌實際上是侵入並長在蘭花塊莖的細胞裡面。和真菌具有內生菌根關係的植物將近三十萬種，但其菌種只有一百三十種。真菌／樹的關係是外生性的。因為名為菌絲體的菌絲複雜網絡，形成一張覆蓋物，包在根的外頭，就像一層紗似的，並且填補根部外皮細胞間的空隙而沒有逕行穿入，形成所謂的哈氏網。誠如洛馬在《隱祕的森林》中所說的：「真菌學者現在相信，菌根菌有效地讓樹根和土壤的接觸區域增加一千倍以上。」而在這個區域裡，菌絲的量極高。從菌根體取出的土壤，一公升中含有長達數公里長緊密分布的菌絲。只有二千種

菌根菌

植物是外生菌根，但它們合作的真菌約有五千種。

菌根菌提供龐大的彈性給寄主樹，使其能夠面對乾旱、洪水、高溫、貧瘠土壤、低氧和其他可能的壓力。研究顯示，真菌甚至會保護樹木免於被其他可能有害的真菌侵入：例如，當赤松接種了菌根菌卷邊椿菇之後，卷邊椿菇會產生一種抗生素殺菌劑，讓此樹對根腐病鐮胞菌的抵抗力增強為二倍。真菌讓供應其糖分的樹保持健康、快樂，因而能繼續產生糖分，這麼做很值得。

和花旗松發生外生菌根關係的真菌有二千種以上。一棵樹可能有許多種不同的真菌附著在根系的不同部位，尤其是在根伸展到不同形態的土壤時。有些真菌只和特定的樹種合作。例如，乳牛肝菌，又名彩色乳牛肝菌，是一種紅棕色的菇，幾乎只長在花旗松下面；這種菇可食，雖然產季末期會變得有點黏黏的。紫色的紅蠟蘑也是花旗松樹下的一部分，雖然也見於其他松樹或木本植物下面。

植物和真菌間，關係最罕見的可能是水晶蘭，和附著在其根上的牛肝菌。水晶蘭是一種開花植物，生長在北美洲各地，包括太平洋西北的濕潤林地上——我們這株樹附近就有好幾棵，它們淡粉紅色的莖和彎曲的頭部，從林表落葉層探出頭來，好像一隻隻蒼白而傷心的蟲子。因為它們本身沒有葉綠體（成熟時轉為黑色），便無法產生糖給自己和菌根夥伴使用，然而牛肝菌卻還活著。原來是附著在水晶蘭根上的真菌同時也附著在附近針葉樹的根上，例如花旗松；牛肝菌從針葉樹吸出養分並直接傳給水晶蘭。沒人知道水晶蘭貢獻出什麼東西給牛肝菌或花旗松。它可能毫無貢獻；果真如此，這是自然界鮮少見到的白吃午餐。

來自肥沃的土壤

觀念和樹一樣，需要有肥沃的土地生長，然後，成熟所需的時間，幾乎與花旗松一樣長。十三世紀上半葉期間，歐洲在神聖羅馬帝國腓特烈二世的諭示下，開啟了科學思想革命。在黑暗時代，古希臘的作品已經流失或被教會所禁，而羅馬思想家對科學學習上的進展，貢獻極微。在腓特烈二世的統治下，希臘文章又再度被發現，譯成拉丁文，供愈來愈多的識字民眾研讀。這些作品包括亞里斯多德、歐幾里德、托勒密、阿幾米德、迪奧克萊斯和蓋倫等。他們還研讀並討論阿拉伯人的藥學、天文學、光學和化學作品，主要是靠拉丁文翻譯。在羅馬教會的壓制下，一千二百多年來，教會所允許的「科學」文章主要是拼拼湊湊的百科全書和藥典，像迪奧斯科里斯那本一樣——列了許多從未在地中海北部見過的藥用植物。自然科學突然在十三世紀期間爆炸，成為流行思潮。

在腓特烈二世統治之下，雅伯圖斯是廣受尊崇的學者，或稱大雅伯，當年，煉金術和占星術為可以合法研究的科學，他在法庭中被尊為魔術師。他的著作《草木誌》於一二五〇年出版（正好是腓特烈二世過世那年），是迪奧斯科里斯《植物誌》的評注，而一般相信，迪奧斯科里斯的《植物誌》乃是改編自亞里斯多德的作品。雅伯圖斯的作品中生動描述希臘人不知道的本土植物，裡面還有一些與原著作者看法不同的親自觀察。他推崇好奇心和經驗（拉丁文為*experimenta*），認為這是科學研究的二大支柱。他解剖樹木，宣稱汁液是以特殊的管子從根部運到葉子——就像血管，他說，但沒有脈搏。

當雅伯圖斯於一二八〇年去世時，腓特烈二世已經死了三十年，而愛德華一世則是英國國王。在愛德華一世統治下，英國最有成就的科學家是培根，他生於一二一九年，並於一二四〇年拿到牛津大學碩士學位。畢業後，他成為方濟會一員，有一段期間在巴黎教授亞里斯多德。

培根和雅伯圖斯一樣，讚揚他所謂的「實驗科學」美德，對自然現象的實質研究，而非仰賴抽象推理或接受他人的智慧。而且他和達班諾一樣，駁斥權威，因而和教會爆發衝突——晚年被他的方濟會監禁於巴黎，罪名是「奇技淫巧」和「危險邪說」，這些思想或許是來自他所敬仰的阿拉伯哲學家阿威羅伊，阿氏在亞里斯多德的基礎上宣揚普遍理性的思想，但否認人的靈魂可以永生。但培根讓歐洲往前邁進一步，脫離黑暗時代，不再盲目信奉教條，不論是宗教上或科學上的教條。「作者發表許多論述，」他堅稱，「人們竟透過推理而非自己所建構的經驗就相信他們。他們的推理完全是錯的。」

就像我們這棵樹首次嘗試性地探入土壤中，科學界也開始以新方法來探究神祕的大自然。

從地下長出來

在夏季溫暖的土壤裡，這株樹的嫩根建立自己的外生菌根關係，而莖則開始搖搖晃晃地向上長。種皮並未完全脫掉，戴在頭上，就像一次大戰時飛行員的頭盔。幼葉剛開始只是一小點，最後會長成針葉，但現在還要靠儲存在胚乳和子葉裡的澱粉提供能量。當儲存的能量用盡時，子葉立刻脫落，接著莖必須長出針葉，以維持對根部和真菌夥伴供應食物。

莖的內部結構和根非常類似（木質部和韌皮部包在表皮裡面），除了莖的外層不透水，而根則必須透水。儘管還只是生命初期的單薄、灰色樹皮，但畢竟還是樹皮。成熟的樹，基本上是死掉的心材，外面包著十到十五年壽命的邊材，裝在一層稱為形成層的活組織裡。當新管胞在內樹皮底下形成時，老細胞就會死亡，而樹的直徑也會變大。想像蠟燭被熱蠟愈滴愈厚的情形。在樹的情況，新一層的熱蠟就是形成層，而冷卻的那層蠟就是心材，也就是早先生長的那幾輪。如果我們在這棵樹十公尺高時釘上一根釘子，當樹完全長大時，這根釘子和地面的距離將還是一樣；樹從頂端長高，而幹身只會變粗。這時，樹是所有的活體，包括形成層、邊材和樹皮，再加上死掉的心材。水分從根部經過木質部的管胞往莖頂移動，當第一片針葉長出來開始行光合作用時，澱粉（即濃縮的糖）從韌皮部的篩胞順著莖往下移，在根部裡儲存和使用。

和所有的樹一樣，我們的小花旗松的木質部細胞是由細胞核和一層厚厚的纖維素所構成，它們在莖部的軸心往上升，就像一把有隔間的塑膠吸管。纖維素是一種多醣體，由單醣葡萄糖分子重複組合而成。纖維素在原生質體中形成時是軟的，但碰到細胞壁之後就變硬了。這是吾人所知最豐富的有機聚合物。所有的植物都有纖維素，甚至連某些真菌的菌絲外壁也有。纖維素也是天然纖維中最強韌者，比絲、腱，甚或骨頭更抗壓、更不易消化（草食性動物知道）。其強度一部分來自每個分子內部和平行分子相互間的氫鍵。事實上，纖維素之間的鍵結是如此之強，以至於如果沒有生長素來打破鍵結，連新的纖維素也無法依附在它們的外壁上，而樹也就無法生長。

另一個細胞成分是木質素，第二豐富的植物聚合物，可以提升細胞壁的韌性和強度。最早登上陸地的植物，有些開始長得比其他植物高時，它們的莖部細胞壁只由纖維素構成。當它們長得更高時，有許多會被風吹折或因自己的重量而塌下來；而沒折斷也沒垮下來者，係因某種未知過程，得到了木質素，其作用相當於鋼筋水泥裡的鋼筋。最後，只有具有木質素的植物才能存活產生後代。現在的木材約含百分之六十五的纖維素和百分之三十五的木質素。

木質素由三種芳香醇鍊結而成——香豆基醇、松柏基醇和芥基醇，填滿了整個細胞壁裡尚未被其他物質占用的空間，甚至還會把水分子排開。因此，其形態是一種非常強的抗水網，把細胞壁所有的元素像水泥般凝結在固定位置，提供木質部的強度和硬度。它還提供防止真菌及細菌感染的重要障礙。當樹被病菌入侵，它會用一道木質素牆把受感染區域隔開，讓病菌無法擴散。木質素是非常頑強的東西，因此，紙漿廠中，消除木質素的程序非常昂貴。破壞木漿裡木質素所需的酸是這種工廠排放到環境的主要汙染物。

我們這棵幼樹的頂端附近，有五片子葉從莖部像綠色傘骨一樣撐開。它們是這棵樹最初的針葉。在頂端，它們與莖相連處，有個圓形突起，稱為頂端分生組織，新芽由此生長。分生組織有一系列的小突起，或節點，而每個節點將形成一組新葉。起初，節點緊密地擠在一起，但隨著分生組織裡的細胞漸漸分裂擴大，節點之間的距離也跟著拉開。某些節點上會出現側芽或腋芽。這些芽最後會長成枝條，而每個枝條尖端，將各有其頂端分生組織。櫟樹或楓樹等硬木，每個葉節點上面就有個腋芽，但花旗松和其他軟木，節點非常密，節間距離只有二公釐，所以只有一小部分的節點才會有芽出現。每個芽都是微小而緊密的小苗，由胚葉、節點和節間所組成，處於休眠狀態，隨時可以接受來自根部食物的刺激而開始發育成枝條。

子葉由不規則的莖所支撐，在頂端像扇子般張開，花旗松現在看起來宛如一株小棕櫚樹。但麻雀雖小，五臟俱全；其每個分生組織裡的細胞都發狂般地分裂、擴大，而其種葉則已經開始終其一生的光合作用過程。

現在，整棵樹裡有很多細胞，每個細胞各自表現其獨特、預設的任務。對植物和動物而言都一樣，多細胞提供機會，在單一的生物裡發展多樣性的功能。我們已經談過，多細胞生物基本上是一群更小生物的集合體。然而這種多樣性卻表現出生物學上的一個難題。這是如何發生的？有絲分裂，或細胞分裂過程，確保所有子細胞的基因完全相同。如果細胞和組織形態的發育和分化係在基因控制之下，那麼產生差異的機制是什麼？

透過一系列嚴謹的實驗，分子生物學已經證實，受精會把親代的染色體結合成基因體，然後透過一次又一次的細胞分裂，忠實地複製這基因體。受精卵的基因體可以視為一套藍圖，指導整個過程，最後產生各個細胞都依不同角色正常運作的個體。然而，一套DNA藍圖，對單一細胞而言，要完全解讀是太龐大了。於是，當細胞進行分裂時，每個子細胞會接收分子訊號，依指示只去讀藍圖的某個特定段——例如，發根的那一段。但告訴特定細胞去讀什麼的訊號又是什麼呢？我們能操控這個訊號嗎？

最近發現哺乳類動物的幹細胞是「全能性的」，有能力分化成任何種類的細胞，當我們更了解那些細胞訊號時，也許會促成肢體，甚至整個器官失去後的再生應用。

光照下的葉子

光合作用是一種過程，讓地球上得以存在多元而豐富的生命。植物從太陽得到能源、從土壤得到養分，雖然這些並非祕密——達文西在其《手稿》正確地寫道：「太陽把精神和生命授予植物，而地球則以水氣滋養它們。」但了解這個過程如何運作，則是相當近代的發展。一七七九年，荷蘭植物生理學家英根豪斯出版了不朽作品，標題為《植物實驗，發現它們在日照下有淨化普通空氣的巨大力量，但在遮蔭處和夜間，則會侵染這種空氣》。他一直在追蹤英國偉大的化學家暨神學家普利斯特利的實驗，普利斯特利是許多宗教文章的作者，也是氧氣的發現者。普利斯特利於一七六六年開始研究「可燃氣」。到了一七七五年，他認定植物能夠供應「去燃素氣體」，後來定義為氧氣，將一種因燃燒或腐敗而不適合呼吸的氣體還原，或是加以淨化。

這些有關植物對人類生命重要性的早期認識，讓英根豪斯非常著迷，於是他從荷蘭遷到英國，以便更接近普利斯特利和他那一群志同道合的實驗化學家。他在自己的實驗中，發現植物只有綠色的部分才會產生氧氣淨化空氣，而且這些綠色部位所移除的碳，並非如先前大家所以為的來自土壤，而是來自空氣。他了解動物和植物間的互惠現象，一個吸入氧氣、呼出二氧化碳，而另一個則把空氣中的二氧化碳除掉，重新添滿氧氣。他身為醫師（在荷蘭開發出牛痘疫苗以對抗天花，並於一七六八年親自為奧地利皇室做預防接種），以其所了解的植物功能新知識來協助呼吸疾病患者，白天將他們置於充滿綠色植物的房間，晚上當光合作用停止時，則以他自己所設計的設備來產生純氧，取代植物。

針葉樹的葉子就是這種設備。常綠針葉和落葉樹的葉子雖然構造不同，卻含有相同的成分而作用相近；它們的形狀各有千秋，因為環境造成它們對效率的要求各不同。落葉和針葉的優點很難用一個普遍的通則去界定。兩種樹都存在於各種不同的環境。但大致上來說，落葉樹適應較低緯度的地區，有著長而嚴寒冬季或季節性乾旱的氣候；每年秋天落葉，春天再長新葉，如此所消耗的能量少於讓葉子度過長期的零下溫度。而針葉，由於表面積小，水分蒸散比闊葉少，因此在陽光充足、乾旱期長的環境裡表現良好，一如地中海附近和北美西部坡地。

陽光太多會阻礙光合作用，而花旗松是林冠樹種，這表示其上部枝條可照到非常多的陽光。其圓錐狀樹形也確保每一新枝條層不會遮住下面的枝條。針葉也比闊葉更能抖落積雪，因此比較不會有折斷樹枝的危險。而針葉所含的汁液較少，表示它們更耐寒。一株成熟的花旗松也許會有六千五百萬枚針葉，它們同時運作，但沒有一枚針葉會照到過多的陽光。

一般樹葉一季之後就掉落，針葉則不同，大多數都能在樹上存活二到三年（有些常綠樹種，像是猴謎樹，其針葉可以在樹上活到十五年；而針毬松的針葉則活五十年），因此這些樹有較長的時間來儲存換新葉的能量。而且針葉製造更多的能量。由於針葉常年保持在樹上，即使在冬季的月份，當光照和溫度都掉到非常低的水準期間，針葉樹依然可以不停地行光合作用。德國做了一項實驗，比較闊葉樹（山毛櫸）和針葉樹（挪威雲杉）所製造和儲存的能量，發現山毛櫸一年行光合作用的日數是一百七十六天，而挪威雲杉則是二百六十天；即使全樹的葉子總表面積較小，雲杉的生產力比山毛櫸高出百分之五十八。

花旗松的針葉是扁的，橫剖面為矩形，由表皮所構成，表皮裡面可以發現光合作用細胞。落葉樹的葉子和部分針葉樹的針葉，包括花旗松，含有兩種細胞：附著於表皮裡面的柵狀葉肉細胞，以及鬆散分布的海綿狀葉肉細胞。在花旗松，位於針葉上表皮的柵狀細胞保護海綿狀細胞不會照到太多的陽光。針葉表皮上的洞，稱為氣孔（stomata），由二枚保衛細胞控制開闔。希臘字 stoma 是喉嚨的意思（英文字 stomach「胃」是誤用）。一枚闊葉，例如榆葉或楓葉，有數百萬個氣孔，通常位於葉子的背面；某些櫟樹葉，一平方公分的表面就有十萬個氣孔。花旗松針葉上的氣孔較少，但也是位於背面。保衛細胞的表現就像嘴唇；它們依據針葉裡水分的多寡而膨脹、收縮，從而控制針葉裡從氣孔進來的二氧化碳量及擴散出去的水蒸汽量。

樹可以把大量的水分升起並蒸發掉。亞馬遜雨林裡一棵樹每天升起數百公升的水。雨林的行為就好像綠色海洋，蒸發水分向上「下雨」，宛如地心引力反轉似地。接著這些蒸發的水汽以巨型蒸汽河的方式流遍整個大陸。水分凝結後，變成雨水落下，再由樹拉上來。水分上上下下向西移動，平均要進行六次，才終於碰到安地斯山脈的實體障礙，變成地球上最大的河流，再流回大陸各地。同樣地，印尼有一億一千四百萬公頃的熱帶雨林（是全世界第二大森林國家，僅次於巴西），是亞洲水循環的關鍵部分。森林在全世界各地定期以清水補充地球，並在氣候及氣象上扮演重要角色。

植物還含有豐富的分子來源，人類數千年來已經學會如何運用。一八一七年，兩名法國化學家——巴黎藥學院藥物自然史的助理教授佩爾蒂埃，以及研究生卡芳杜，研究生物鹼和植物色素。他們除了發現馬錢子鹼、奎寧和咖啡因之外，還確認樹葉裡的綠色色素是一種化合物，他們將之命名為葉綠素，這個字衍生自希臘文的「黃綠色」和「葉子」二字。雖然當時他們並不了解，但他們已經分離出行光合作用的化合物。

葉綠素由五種元素組成：四種生命基本元素——碳、氧、氫和氮，加上第五種——鎂，一種來自土壤的金屬元素，幾乎所有生物都不可或缺。例如，人類一天要消耗二百毫克的鎂（靠吃植物或草食動物），以維持骨骼和血液的健康。讓葉子和針葉顯現綠色的物質是葉綠素裡的鎂；葉綠素分子吸收陽光中的紅色和藍色成分，但不吸收綠色。當光從植物反射出來時，我們看到的是未被吸收的綠色；我們之所以活在綠色世界，是因為我們的土壤和植物含有鎂。

皮阿提在他的書《花滿地球》中，回憶他就讀哈佛大學植物系時，學習從長在哈佛尊貴建築物外的長春藤葉子萃取出葉綠素的情形。他和同學先把葉子煮過，然後置於酒精中；葉子就失去了顏色，而酒精則變成綠色。接著他們用水稀釋酒精並加入苯；溶液就分離了，黃色的酒精在底下，而濃稠、綠色的苯漂在上面，像一池渣滓。「你只要小心地把後者倒進試管，」皮阿提寫道，「就可以得到葉綠素的萃取液，不透明、搖搖晃晃、流動緩慢、有點黏、油油的，而且有味道，很腥，像割草機於雨後草地上除草後刮刀上的味道。」皮阿提做了光譜分析後，發現組成葉綠素的分子竟讓他有種怪異的熟悉感。「身為一個植物學學徒，一個未來的自然學者，」他寫道，「有件事讓我心跳加速。這件事就是葉綠素和血紅素，我們血液的基礎，竟然如此類似。」這不是想像力豐富的比較，而是踏實的科學類比：「這兩個化學結構式有個顯著差異是：每個血紅素分子的軸心是一個鐵原子，而葉綠素則是一個鎂原子。」就像葉綠素因為鎂吸收了綠色以外的所有光譜，所以是綠色；血液之所以為紅色，是因為鐵吸收了紅色以外的所有光譜。葉綠素是綠色的血。它設計來抓住光；而血則是設計來抓住氧。

海綿狀細胞裡有許多小小的封包，即葉綠體，而每個葉綠體裡，還有一些更小的封包，稱為葉綠餅。葉綠體由一層一層葉綠素和脂蛋白交替排列而成，懸浮在液體酵素和鹽溶液裡。每個葉綠體的作用就好像效率非常高的光子伏特電池，抓住太陽能，用太陽能把空氣轉化為食物。葉綠體可以抓住幾乎無限的太陽光以取得所需的能量，把二氧化碳和水轉化為糖。由於能量綁在葡萄糖的鍵結中，糖分子可以儲存起來，以備未來隨時可以合成高分子的建構基礎：脂肪、澱粉、蛋白質和核酸。

皮阿提問道：「葉綠素這古老的綠色煉金術士是如何把地球上的渣滓轉變成活組織？」水從根部經由附在莖上的木質部進入針葉，並滲出到海綿狀細胞之間。二氧化碳透過氣孔被吸入針葉。當一個太陽光子打到葉綠體，每個葉綠素分子會射出一個電子；這個能量把分子激化，然後以此激態來執行化學反應。事實上，一系列的反應瞬間發生；被射出的電子所釋放的能量把水分解成原來的構成元素，氫和氧。二氧化碳也分解成個別元素。然後釋放出來的碳、氫和氧重新結合成碳酸，隨即變成蟻酸——和螞蟻螫人的化合物相同。這就變成了甲醛和過氧化氫，隨即又分解成水、氧氣和葡萄糖。有些葡萄糖接著再轉成果糖，立即供樹使用，其他的則濃縮成澱粉，傳送到根部儲存以備將來使用。氧氣和水蒸汽經由氣孔以呼氣和蒸發的方式排出。這個過程的最後產物還包括氨基酸（蛋白質的基本成分）和多種脂肪及維生素。

這種化學作用需要光，而所有的光皆來自太陽，而太陽，雖然離地球一億五千萬公里，卻以驚人的速度把能量傳到地球，每秒 215,000,000,000,000 卡路里。這些能量大多數未曾發生光合作用——大都落在沙漠、山坡、極地冰山，和我們的皮膚上。但夠了。只要百分之一用於植物，就足以保持整個星球的生命力。

蠑螈燒得發亮

在我們這棵樹以及附近的蕨類、羽扇豆和火草遮蔭下的低矮處，一隻西部紅背無肺蠑螈於尋找蟲子的途中，停下來偵查溪畔是否有掠食者或潛在交配對象。這是花旗松附近所發現的二十一種蠑螈中的一種，這隻西部紅背無肺蠑螈是一隻長而光滑的黑色母螈，背上有一道像毛筆畫出來的明顯赤銅色線條，直到尾部，腿部上端也有。她的腹部灰白，帶著黑白色的小斑點，當她在黑暗中等待時，她的肋骨一脹一縮地發出吼聲。西部紅背無肺螈是一種無肺的兩棲類，這表示她不是用嘴來呼吸，而是直接用皮膚來吸收氧氣。要做到這樣，蠑螈發展出非常透氣的表皮，以至於經常有脫水的危險，這也是為什麼牠們只有在陰濕的微氣候裡才找得到。牠們的皮膚就像我們肺部的內裡一樣細緻而脆弱。

其他的北方蠑螈，諸如烏雲攀螈和埃氏劍蠑，喜歡藏身於老熟林地表的腐木中心，那裡有豐富的彈尾蟲，濕度也很穩定，即使在大火中亦然。但西部紅背無肺螈較常發現於空曠處，在火燒過之處，通常是面西的碎石坡，土壤中含有砂礫，日照較少，有一些低矮的葉子保護，而且有水。所有的蠑螈都是冷血動物，表示牠們的體溫會隨著四周物體的溫度而改變——空氣、石頭，和腐敗物。比起其他種類的蠑螈，西部紅背喜歡稍微溫暖一點。

這種蠑螈的活動範圍很小，只有二平方公尺，而牠也不擔心保護地盤的問題——這一區森林的蠑螈密度頗高，每公頃將近八百隻，因此，嚴厲的地盤保護政策將會消耗大量精力。大多數時候牠會避開腐木，在腐木中會碰到其他蠑螈，而當牠進到腐木時，牠會儘量待在靠近表面處，剛好在樹皮下面，而不是深入腐木中心。牠似乎喜歡帚狀耳蕨基部的洞穴。四月是牠的交配期，六月把卵產在陸地上，而不是像水生蠑螈一樣產在水中。牠的小蠑螈將會從卵裡出來，外表已經完全成形，像是牠的縮小版。

無肺的蠑螈

全世界已知的蠑螈只有四十種，但牠們分布很廣。在我們這棵樹的成長期間，蠑螈分布於歐洲、小亞細亞和非洲。傳說中甚至還有火蠑螈。根據亞里斯多德的看法，他的話在當時還很有權威性，火蠑螈不怕火；牠們非常冷血，所以只要走過火，火就熄滅了。一直到十七世紀之前都有故事說，有人在他們的火爐裡，看到蠑螈冷靜地棲息於火熱的木頭裡。世人還認為蠑螈有毒。亞歷山大大帝描述他有四千人和二千匹馬喝了一隻蠑螈掉在裡面的泉水之後，全部立即死亡。蠑螈爬過的樹，其果實就會有毒。這些迷信也許有些科學根據，因為某些蠑螈會分泌出一層薄薄的乳汁，是神經毒，吞食會致命，這也是大多數掠食者都不去招惹牠們的原因。有人認為用蠑螈製成的披風可以防火，於是就有手工外套做給煉金術士或想當魔術師的人，例如教宗就有一件。唉，其實是浪得虛名。迪奧斯科里斯把數十隻蠑螈丟進火裡看看結果如何；牠們燒得脆脆的。顯然，觀察必須更小心。馬可波羅從一二七一年起旅居中國二十五年，在此期間尋找這種動物，卻一無所獲。「傳說中以蛇的形態活在火中的蠑螈，」他一二九六年回到威尼斯時，在報告中說道，「我在東方完全看不到任何蹤跡。」

雖然他沒有見過火蠑螈，但他的確報告一種產品，在欽赤塔拉斯地區，有一種稱為蠑螈布的東西，以「取自山上之物」製成，含有「類似羊毛的纖維。這東西在太陽曬乾後，用銅缽敲打，然後一直洗到泥土粒子脫落為止」。做出來的羊毛接著再紡成線，織成布，放到火上燒一小時，直到變為白色。「但燒不起來。」他認為這種從礦中取出的物質可能是蠑螈皮的化石。我們知道這是石棉。「據說羅馬保存一條用這種物質做的餐巾，是成吉思汗送給教宗的禮物，做為包耶穌基督的聖手帕。」

我們現在知道蠑螈的染色體細胞擠滿了染色體DNA，是哺乳類動物（包括人類）的一百倍。沒人知道這些多餘的核甘酸有何作用；它們可能只是有效DNA的複製品，即基因學者所謂的垃圾DNA。但一般而言，誠如亞里斯多德的觀察，大自然裡沒有任何東西是多餘的。蠑螈仍然是個謎。

風從海洋升上來，吹動了溪畔我們這株幼樹上方的年輕闊葉樹的葉子。這棵樹在其後的生命裡，必須抵抗風，風會搖晃、打擊樹冠，有斷枝的威脅，減弱抓土壤的力道，煽起樹底下的地表火，並把種子高高地吹到山上。暴風是決定大型森林形態和組成的第二大力量，僅次於火；未來五百年，將會出現風速高達每小時二百公里的暴風，把數百萬公頃的花旗松林吹倒。但現在，風是有益的力量。

第三章　成長

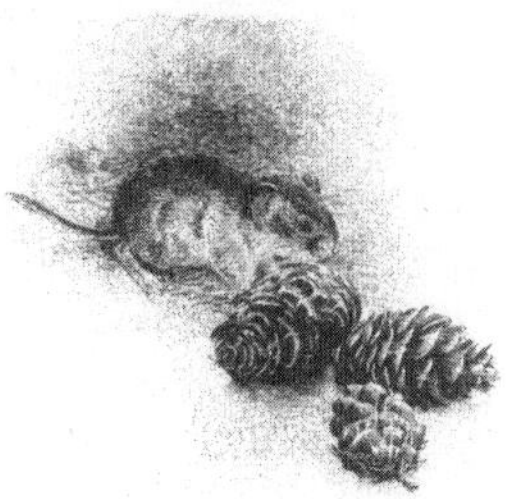

當最初不開花的蕨類林，
把古老潟湖遮得天昏地暗時，
一個模糊而無意識的長期騷動，
支配了或金或綠的巨大蕨葉。

——瑪麗・羅賓森《達爾文主義》

火災至今已十六年。燒過之處不再是森林裡的黑洞，而是一道鮮綠，雖不及未燒到之處那麼綠，但顯然已起死回生。空氣中的炭燒味早就消失。有一年春季，雨量非常大，超過一千五百公釐，之後是乾旱炎熱的夏季，而森林則長得非常茂盛。現在是初秋，看不見的泉水從山脊流下，流經林地中暗色的樹幹和盤繞的根部，不過我們可以感覺到一道綠色光澤。森林依舊安靜，但不像火災後的死寂，而是蓄勢待發的靜。

美國側柏和一些大葉槭、圓葉槭等，現在已經從火燒處長出，形成森林社群的一部分。沿著溪畔附近，美國赤楊形成一道明顯較為黑亮的帶子，蜿蜒穿過針葉林。成熟的四十年美國赤楊在空曠處可以長到二十四公尺，它們不耐陰，因此，在這座森林裡將活不久。在它們還沒完全長高之前，較老的將會死亡，為林地留下一處暗色的空地，有點單調。但現在，在地面高度，它們平滑而接近白色的樹幹就好像昏暗的地底下一束掩住的光線。黑頭威氏林鶯、綠鵑，以及（冬季裡的）暗眼燈草雀，發現它們是昆蟲、蜘蛛和種子的可靠來源。

它們之所以稱為赤楊，是因為樹皮內層有紅色色素。每年，有個沿海薩利什人家庭總是會爬上火災舊址，在溪邊紮營住一到二夜。他們稱美國赤楊為「優沙威」。白天，他們把樹皮削成三角形的木條，小心翼翼地避免繞著樹幹削成一圈，也避免傷到活形成層，然後把這些三角形緊緊地繞成一捲一捲的，拔營時，就帶回海邊的村莊。他們會把內樹皮打成顏料，和魚油混合，用這個混合物來裝飾側柏樹皮衣服和狗毛毯子。

薩利什人前面臨海，後面靠山，他們知道如何在這兩個營養區之間取得平衡，安全地生活。他們不太關心上和下、天和地，但海邊和森林則是他們知之甚詳的環境。

晚上，在美國赤楊帳篷裡，房子裡的家長教授各種樹的特性和名稱。西部鐵杉（音「史古布」）的樹皮可以做成棕灰色的色膏，人們用來染魚網，讓鮭魚看不見。美國側柏（「西白玉」），他們用來做獨木舟、長屋、工具和藥品。葉子大大的大葉槭（「伊歐黑」），很適合做成裝莓果的籃子。白楊葉（「庫烏」），做綳帶很好，因為它們搗碎後可以黏在皮膚上。花旗松（「優比兌」）輕，但非常堅固，是一種燃料樹；樹皮特別好燒，雖然會爆出許多火花，而其綠色的枝，可以拿到蒸汗屋去燒，以淨化人類的心靈和想法。這位家長還講故事——例如洪水樹（苦露）就是神聖的瑪都那木，其先人乘著獨木舟在大洪水中漂流，直到發現這些樹可以棲身而得救。所有的故事都和土地及海洋有關，而人也一樣。

樹萌芽

我們這棵樹高八公尺，有十六層枝條從其圓錐狀的主幹輻射出來；底下八層已經掉落。其基部直徑為三十五公分。樹枝頂端的新芽條，顏色比成熟的針葉淡，基部有新芽。

但低矮的樹沒有枝條，因為樹的生長，是最有利之處長得最大：上面的全日照處和地底下。

花旗松和柱松及黃松等其他的針葉樹一樣，只要土壤的深度許可，就會長出深入土中的中央主根，以支撐其巨大的超級結構，最後長得高聳入雲。常綠樹還有支根網系，四處散開在樹附近，形成一個平台。有些厚一點的側根會隆起在地面上，就像海灣裡的灰鯨潛在海中吃鯡魚時的背部。根暴露在陽光之處，其內樹皮會布上葉綠素，可生產區域性荷爾蒙，幫助養分經由木質部往上傳送。當側根碰上相鄰花旗松的側根時，兩條根會結合在一起，有時是直線對接，有時是呈直角，形成共同的脈絡網絡，如此，每棵樹都透過相連的韌皮部相互分享荷爾蒙和澱粉。

美洲顫楊樹叢採不同種的根部結合方式。顫楊樹幹事實上是從單一個根系上長出來的。這是一種適應方式，讓單一生物可以利用不同利基，從陽光充足而乾燥的高地到低濕的谷底和河畔，因為透過根，位於貧瘠土壤的顫楊能夠接受到來自肥沃土壤顫楊的養分。這樣的美洲顫楊聚落可以長到覆蓋廣大區域。猶他州有一叢占地四十三公頃，總重達六千多公噸，將近是一棵大型北美巨杉的三倍，也是世界上最大的生物體。全世界最大的單一生物也許是奧勒岡東北部藍山針葉混合林裡所發現的奧氏蜜環菌。它已經有八千五百歲，覆蓋面積將近十平方公里。

我們這棵樹也透過外生菌根真菌夥伴得到其他樹根的好處。例如美國赤楊特別善於將空氣中的氮固定到土壤中（根據紀錄，一年中每公頃高達三百公斤，足以供給整座森林二百年之用），然後被細菌分解，再被真菌以虹吸作用引到其他樹的根部，包括我們這棵樹。美國赤楊根部澱粉的儲量中有百分之十係來自它們的鄰居，以做為回饋。透過種內和種間的結合，我們的樹因為身為森林生態系的一部分而獲得好處，從而提升自己的存活機會。儘管美國赤楊非常有效率地將氮固定，但陡坡和薄土壤上的豪雨把氮沖刷到河裡，再流入海中。對所有的森林而言，限制生長的因素通常就是氮濃度。

四月初，整枝樹幹和枝條上的分生組織開始分裂，形成一層新的形成層，夾在外樹皮和邊材外部之間；這就是樹的生長方式，在前一年細胞層上面再添上新一層的活細胞。老細胞會死亡，成為心材的最外環，而新的邊材則接下大部分的運水工作。每一年，樹的中心軸都會加上新的一輪。活樹冠基部的輪比頂部的輪稍微厚一些，但樹基部的輪則更厚。結果，樹幹的外形一直保持圓錐狀。樹冠和最低層枝條部位所形成的圓錐角，比樹冠和樹基部所形成的圓錐角更尖銳。

在春天，當溫度升高到攝氏五度以上，樹冠部位分生組織的細胞會產生生長素，以每小時五到十公分的速度往下散布，促進形成層生長。生長素會累積在以前年度所形成的芽中，使細胞快速分裂，促成側生長或腋生長，最後成為新枝條。到五月中，這些芽開始冒出來，或漲開。小針葉，像浸在綠色顏料裡的畫筆，從端點長出。這些芽有些會發育成新芽條，但今年，有些會發育成毬果，而長花粉、讓卵子受精，及散播種子，這個周期要十七個月，已經開始進行。

將來要長成毬果的芽，主要位於樹頂附近一年大的枝條上。有些靠近芽條基部者會變成雄毬，或稱花粉毬，而其他接近芽條頂端者，會變成母毬，或種子毬。在七月中之前，我們還不清楚哪些芽會發育成芽條，而哪些會發育成毬果。在十周大之前，它們看起來都好像要長成芽條似的，但漸漸地，芽條、種子毬和花粉毬這三種芽的不同生長形態，就會日趨明顯。到了秋季，預計要長成芽條的芽，長出了螺旋排列的葉原體；未來的花粉毬，會長出呈螺旋排列的結構，看似突生的葉子，但最後會變成花粉囊；而種子毬的芽則發育成螺旋排列的原體，以後再長成老鼠尾狀的苞片，這是花旗松毬果的特色。

現在是九月了，這三種類型的芽似乎都進入休眠狀態。然而，細胞分裂卻在它們內部進行，而整個冬季，某些生理活動將持續進行，只是速度降低。未來會成為毬果的芽，其內部的冬季活動較成為芽條者多；而成為雌毬者的活動又比雄毬多。有些活動的養分來自光合作用。只要溫度維持在攝氏五或六度以上，這棵樹就會持續行光合作用，以補充冬季的澱粉供應。但大多數時候，它會休眠，靠著夏季儲存在邊材和樹葉裡的能量來過冬，並供應春天來臨時第一波發芽的能量。此後，在我們這棵樹的一生當中，這個過程將每兩年進行一次。

隨風飄去

雖然針葉樹看起來宛如從地上冒出來的電線桿一般，呈筆直生長，其實，它是以盤繞方式鑽離地面，就像用刻有來福線砲管發射的飛彈那樣旋轉升空。這種生長形態的數學式就是「動態螺旋」，這說明了樹幹和樹枝呈圓錐狀以及樹冠呈箭頭形。在樹皮底下，木材紋理以螺旋狀向上生長。於是，樹幹的形狀就反映出樹的形狀，因為這二者都是以對數成長方式增加的結果：每年的新生部位，不只增加樹的周長，還增加樹的高度。這種基底周長和整體長度同時增加的螺旋樣式，在許多自然事物中，一再出現：大多數軟體動物的殼、獨角鯨和象扭絞狀的牙、玫瑰花瓣沿著中心生長的重疊樣式等。太陽系中螺旋狀的銀河和形成人類單倍體細胞的雙螺旋纏繞DNA都是明顯的例子。在針葉樹裡，毬果的螺旋結構也是明證。

雖然外部特徵和傳輸系統可能完全不同，但植物的性和動物幾乎沒什麼差異；植物和動物都含有來自雙親的基因物質以產生子代。在針葉樹，雌毬裡帶著胚珠，每個胚珠含有一顆卵子。當來自花粉毬的雄性配子使之受精後，卵子就會變成種子，即樹的胚胎加上養分供給。

松樹的毬體上沒有花瓣，而是以螺旋狀的方式，圍繞著中心軸長出鱗片，沒有任何鱗片長在另一片的正上方，而且，整個毬體可以用蠟和松脂封起來，春季時可以防止水分滲入，夏季乾旱期則可以保持水分，以待秋季適當時機散播種子。雄毬長在樹枝基部，為花粉毬。它們比雌毬小，發育也比較慢，雄毬在第一年大部分的時間及冬季，都一直包在鱗片芽裡，其細胞則悄悄地分裂為五個細胞的粒子，到了二月，會在花粉囊裡開始成熟。一直要到春季，即將釋出花粉之前，毬體才會打開。它們是等待中的授粉員，和蜂巢中的雄蜂一樣，顯然要一直等待，直到受召為雌性服務為止，一旦任務完成，就會死亡。雄毬由一個中心軸和許多鱗片組成；鱗片的基部具有兩個花粉囊。雄毬大都長在低處的枝條上，而雌毬則長在高處，如此，到了四月雄毬釋放出花粉時，才比較不會和同一株樹上的雌毬授粉。而是被風吹到附近樹上的雌毬那兒。

雌毬遠比雄毬複雜。它們從二月開始生長，中心軸拉長，而鱗片芽也隨之長大。這時，雌毬呈水平方向長在樹枝上，但因為毬體底部所累積的生長激素較多，所以底部的生長速度也就比較快，因而在芽體爆開之前，毬體會彎轉向上，到了四月，則呈直立狀。每個苞片的基部是個鱗片，而每個鱗片基部則連著兩個胚珠。胚珠靠中心軸那端有一個小孔，稱為珠孔，這裡就是最後長出新根的地方；沒多久，來自雄毬的花粉粒就會穿入這個開口，展開授粉之旅。

三月起，花粉粒已經完全發育，雄毬從此開始變大。當其中心軸拉長時，新的生長現象會把鱗片芽推開，到了四月芽體爆開時，花粉就會從封閉的囊體裡釋放出來。空氣中充滿了花粉雨。這時，雌毬在枝頭上筆直站立，其苞片張開，宛如一把一把的小傘，以完美的姿勢接收被風吹過來，像粉塵似的花粉粒。

風媒授粉是一個不受控制且沒把握的過程，一般認為，這是植物界裡相當原始的方式，因為無法控制花粉落於何處。相對地，經由昆蟲授粉則有比較好的授粉機率，因為花粉黏在昆蟲上，而昆蟲會去尋找同種植物的其他花朵。事實上，許多種植物演化出吸引特定昆蟲的花，就只是為了這個目的。但針葉樹在會飛的昆蟲出現之前，就已經發展出它們的授粉技術了。開花植物，即被子植物，卻只有在白堊紀時期才演化出來，白堊紀大約結束於六百五十萬年前，而裸子植物（針葉樹、蘇鐵和銀杏）卻已經至少存在了三億年。

在二疊紀時期，樹開始和蕨類有所區別，當時所能運用的花粉傳播機制並不多。當時有水，但水卻在地上。當時有陸上動物，但它們也被局限在地面上。樹的生殖器官高掛空中，除了風之外，還有什麼東西能夠帶著它們的花粉到處跑呢？繁殖興盛的樹種就是那些能夠產生個個獨立而又極為細小花粉粒的樹，只要一絲絲微風，花粉就能飄起來，大量散播，其中一部分花粉落到其他樹的雌毬上的機率，顯著地大於零。通常風媒植物所產生的花粉數量是個天文數字，在空中形成霧狀，也為山中的湖面蒙上一層外衣。開花植物，如樺樹、榛樹等，也是靠風媒介，每個花序能夠產生高達五百萬個花粉粒，而每棵樹則有數千個花序。這是一種散彈槍式的交配方法，但似乎還行得通。

這種方法當然比自花授粉好，也是白堊紀之後植物所採用的方法——例如大多數現代一年生草本植物。達爾文曾經提過「自然……厭惡長期自花授粉」。也許是因為他了解到，一如動物近親繁殖的情形，長期自花授粉會使得物種弱化。厭惡自花授粉並不只是維多利亞時代的偏見而已；大多數人類的文化裡，也有近親繁殖的禁忌，特別是針對兄弟姊妹間或是父母子女間的亂倫行為，有些地方禁止六等以內的表親通婚，例如未與文明接觸前的印紐特文化。雖然許多社會道德規範缺乏科學上確切的解釋基礎，這些社會禁忌在遺傳上卻有著相當好的理由。

有性生殖所產生的生命體帶著兩組染色體，一組來自父親，一組來自母親。這樣的生命體稱為二倍體；而精子和卵子裡的那套染色體則稱為單倍體。每個染色體攜帶了數百個基因，這些基因在染色體上的排列方式有點像是一串鍊珠。這些基因也會搭

北美岸鼩和花旗松毬果

載於其他相對的（同源）染色體上。同源染色體上同一位置的基因，相互稱為對偶基因，二者也許相同，也許不同。例如，豌豆種子的顏色是由一個基因的兩種不同形式所控制，其中一種形式決定了黃色種子，而另一種則為綠色。在任何一株豌豆上，這兩個對偶基因也許都是黃色或都是綠色；也有可能是一個黃色而另一個綠色。同一株植物同時帶有黃色基因和綠色基因者，其種子的顏色為黃色，因此，我們稱黃色基因對綠色基因為顯性，而綠色基因對黃色基因為隱性。人類和其他動物一樣，如果個體中所攜帶的對偶基因二者都是隱性的，就會產生死亡、畸形或是其他缺陷特徵。沒有親屬關係的兩個人所生的小孩，其染色體中決定任何一個特性的對偶基因全為隱性的機會微乎其微。然而，雙親血源愈近，則這二人都帶有同樣隱性對偶基因的機率就愈高，在高度近親通婚之下，其機率會呈天文數字般跳升——有些基因遺傳疾病會從一比一千跳升為一比二十。連續近親繁殖，一代接著一代之後，會進一步提升機率，很快就會產生一個群組，在此群組之中遺傳到隱性特徵的機會，就跟那些生下來即沒有這項隱性特徵的機會一樣高。如果某特定的遺傳變異造成個體對環境適應不良，則會導致絕種；如果更能適應新環境或是改變後的環境，則這項變異就是有利的，把更大的競爭優勢傳給個體。但達爾文注意到長期的近親繁殖，很少會得到適應上的優勢。

以前一度以為特別適應某一環境的生物會取代其他的生物，最終會消滅所有存活率不高的基因——換言之，這些個體在基因上將會變得愈來愈類似，或是具均質性。一九六〇年代，由於分子技術已臻成熟，基因學者便開始檢視生物個體特定基因的產物，例如果蠅，預期牠們大多數的基因具有均質性。他們很訝異，證明剛好相反；在檢驗特定基因時，發現了非常豐富的各種對偶基因形態。這種多樣性現在稱為基因多形性，而且成為強健、適應良好物種的特有定義。像孟加拉虎或貓熊的族群個體數，當低於某個特定數時，就不具足夠的基因多樣性以確保物種的健康——最後，這個物種的所有成員都具基因上的關係，於是，所有的繁殖都成了近親繁殖。

大量個體集中於狹小區域的物種，如島嶼或非常小的生態利基中之物種，保持基因多形性，也許和我們的直覺相違：為什麼要選擇一大堆的多樣性，而不專注於既有環境下最佳的對偶基因組合？如果環境狀況永遠不變，這也許行得通，但在地質時間軸上，變化才是常態。現在的太陽比生命剛出現時，溫暖將近百分之三十；山脈出現而又弭平；海洋滿了又空；冰河年代來了又走。然而生命一直存在，而且還更加繁盛。基因多樣性可以確保既有的物種隨時都有大量的異質基因，提供大量的組合方式，其中某些組合可能比其親代更能適應變動中的環境。

多樣性提供彈性和適應力。大自然似乎建立在一系列的成長差異上。在每個物種裡，有個體基因多樣性；在棲地裡，有許多不同的物種；生態系裡有許多不同的棲地；而整個地球則有一大堆生態系。就是這種多樣性，讓生命在生物圈中具有彈性。誠如人類學家戴維斯指出，就適者生存而言，還有另一「圈」裡的多樣性是同等重要：人種圈。全世界的人類文化，從北極圈的印紐特文化、亞馬遜流域的卡雅布文化、澳洲的澳洲原住民文化，到喀拉哈里沙漠的閃族文化，數百個世代以來，都累積了相當的知識，讓他們在各異其趣的不同環境中繁衍。每一種知識的基礎，都深植於對地方的了解，而這個地方，我們稱之為家。把這些文化全都集合起來，它們所包含的知識，就形成人種圈，是所有人類對世界想像方式的集合，包括世界如何運作，以及我們屬於哪個部分等的不同想法。就如同生物圈中，各種層次的生物多樣性，是生命永遠存在於地球所不可或缺的東西；人種圈裡的多樣性，確保各種知識之分享得以延續，而這正是我們在變化驚人的生態系中，做為一個物種存在的關鍵。

單一培養，把單一物種或單一基因品系散布到廣大的區域上，而排除其他的品系或物種，這是多樣性的反義，會造成一個物種或一個生態系容易受到氣候條件、掠食者、害蟲或疾病變化的傷害——一如我們在農業、漁業及林業上付出慘痛代價所學得的經驗。只為了生長速度、大小和材質的考量，去篩選少數個體，或在實驗室裡進行基因操作，而不考慮樹種的環境以及經由演化形成結合關係的其他物種，是無法栽植成花旗松林的。生物學家威爾森預測不久將來會出現一種情形，所有的砍伐樹木皆來自「林場」的栽培，一如所有食用鮭魚皆來自養殖場、雞來自養雞場一樣。結果損失了基因多形性和物種多樣性，這將會讓地球上的整個基因結構，容易受到無法預測和無法控制的力量之傷害。一九七〇年代美國南方大量栽培一種雜交穀物的商業品種，就幾乎發生這種災難。一種變種真菌疾病在幾個月之中就把數十萬公頃的作物一掃而空。

風媒方式也許原始，卻還可以讓基因多形性永續長存，而且相較於其他的遠系繁殖方法，例如靠哺乳類或鳥類來傳播，還有些優點。首先，森林幾乎總是有風。在高海拔地區，春季的氣候經常是濕冷，四月裡的哺乳類和鳥類可能很少，但不太可能沒有風。另一個優點是樹不用耗費一大堆能量來讓生殖器官對授粉的昆蟲具吸引力。長出開花植物那種大而絢麗的展示品是很昂貴的，而且還需要能量去維持。相對上，毬果是低維護成本的器官。它比花持久，因為用比較耐久的材料做成，而且不須定期補充糖蜜以報答來訪的昆蟲。第三個優點是距離：有人發現風所挾帶的花粉，離最近一棵帶有這種花粉的樹，相隔達五千公里，遠比任何蜜蜂、蚊子或經過的動物所能攜帶的距離還要遠。這種授粉方法可以增加基因多樣性，也可以讓最孤單的松樹雌毬有機會授粉而產生種子。同時，應該也可以用來警告那些主張能控制基因工程作物的倡導者。

花旗松花粉粒裡所儲備的食物比其他大多數針葉樹還多，由於比較大也比較重，所以傳不太遠，但在以花旗松為主的森林裡，它們不必傳太遠。研究人員計算離最近的花旗松數公里遠處的地上花粉粒數，發現平均每平方公分有一百二十三粒；離最近花旗松四分之三公里遠處，這個數字上升到每平方公分三百二十粒；而在花旗松下面，每平方公分有八百粒。他們研判最有效的風媒距離，可以遠達樹高的十倍距離，對我們這棵樹而言，其花粉落在一百公尺內的樹最有效率。這個區域包括火災舊址裡大部分的樹，以及火災邊緣的少數幾棵老樹。

植物復興

中世紀結束那年，我們的樹正要展開它第十五年的生命，此時，世界普遍對植物更加了解。建築上，木樑在大型建築如大教堂中，取代了石拱，其木造中樞，可以在沒有支撐的中殿，建成高聳的圓頂。在衣服方面，羊毛和皮革受到植物製成的材質挑戰，這種質材更輕便、更便宜，且更時髦。當哥倫布於一四九二年抵達西印度群島時，泰諾人用來和他以物易物的東西不是黃金，而是水果、蔬菜和幾束棉紗，這也是他認為他到了東印度群島的原因之一。六年後，伽馬從印度航行回來，帶了一捲來自卡里卡特的棉紗。其後兩個世紀，許多航行探險都是為了棉纖維的需求。到了十五世紀末，亞麻紙從中國輸入歐洲（中國自第一世紀即使用亞麻紙），除了書本所用的羊皮紙之外，已經全面取代各種材質，證明其耐用性。這是植物對新社會秩序影響最顯著之處，因為它們讓快速印刷成為可能。

一四四七年到一四五五年之間，當古騰堡於德國麥茵茲發明印刷機時，亞麻紙正好可以派上用場，快速而便宜地印書。例如，一本古騰堡《聖經》，如果不用亞麻紙印刷而是由僧人以羊皮紙抄寫，要花二十年才能完成，而且還需要二百隻羊的皮。

古騰堡的天才發明，被用來滿足大學入學人數擴增所創造出來的文書需求，而大學人數之所以增加，是因為古希臘和阿拉伯自然哲學家的手稿被重新發現。古騰堡的發明為書籍大量生產鋪路。印刷機開始印出新版的亞里斯多德、歐幾里德、迪奧斯科里斯和泰奧弗拉斯多，因此，對這些古典作家思想之優、缺點做更廣泛的探討，不僅成為可能，而且還無法避免。閱讀，以及不久之後的教育，為大眾所熱烈追求，而不再局限於過去的富人。知識的新渴望反映在印刷品流傳到歐洲各地的非凡速度上。古騰堡《聖經》問世之後五十年內，德國的六十個城市，還有其他位於義大利、西班牙、匈牙利、丹麥、瑞典和英國各地的城市，都有了印刷機，全都忙著印書以供應消費大眾。據估計，十五世紀結束時，已經印了二千萬本以上的書；以每種書平均印不到五百本來算，有四萬種以上的書落在一般讀者熱切的手中。

這些新書中，有許多是談植物。《拉丁植物誌》於一四八四年出版，接著《德國植物誌》於一四八五年出版，雖然這二本書是古典作家（通常是迪奧斯科里斯）所寫的植物手冊，不過此二書是首次有附錄描述當地所發現植物的書。科學界所認識的植物種類迅速而劇烈地增加，尤其是在哥倫布從新世界回來後，帶回完全不同於希臘人甚至馬可波羅所描述的標本。十五世紀植物學這波新植物狂潮，效果和十六世紀發明望遠鏡對天文學的影響相當。眼界開了，以新方式來思考世界是無可避免了。不用再一直躲在別人背後偷看，而是轉頭大大方方地看著現在，甚至還對未來一探究竟。

一五三四年五月十日，卡蒂埃的兩艘船「發現新陸地」。接著幾周，航行在聖羅倫斯灣裡，卡蒂埃碰到許多小島，上面長著奇怪的植物、動物和小鳥。他報告，大多數的土地盡為荒地，「不該稱為新土地，而是石頭和野獸，一個野生怪獸之地，因為在整個北島，我看不到大片的好泥土」。在一個他稱為白沙的島上，他「什麼都沒看到，除了苔蘚和這裡一堆、那裡一堆的小荊棘，呈乾枯狀」。然而，有一群島，他們停下來取水和木材，非常肥沃，足以讓植物生長，而卡蒂埃很高興地描述他們的豐碩成果。「它們擁有我所見過最好的土壤，因此，其田野比其他新土地更有價值。我們發現那裡充滿了好樹、草原和野豆四處開花的平原，厚實、排列整齊，而且美麗，好像被耕種過似地，一如吾人在不列塔尼所見的景觀。那裡還有非常多鵝莓、草莓、突厥薔薇、荷蘭芹，以及其他非常甜美的香草。」可惜卡蒂埃沒有植物學家隨行，後來的探險隊就有了。他所謂的「野豆」可能是當地任何一種豆科植物，從海濱山黧豆到美洲野豌豆都有可能，而且可以確定在不列塔尼看不到。而當地數十種薔薇科植物中，不管他看到的是哪一種，絕對不是突厥薔薇。

新植物需要新名字，而且，以本國語言來命名的愈來愈多，不再用希臘文或拉丁文。描繪並描述植物的是草藥專家，及另一種新身分——業餘植物學家。玻克就是這樣的植物學家，他的書《新草木誌》出版於一五三九年，記錄玻克田野調查的植物，並以德文命名。他把他所描述並繪示的七百種植物，依泰奧弗拉斯多之法，分為草本、灌木和喬木三大類，而且描述它們的物理性狀，諸如高度、葉子、根系類型及開花時間等，編排方式並非按字母或藥性排列，而是以類似的形態、花冠形狀、顏色和種皮構造來排列。該書就好像早期的《彼得森德國植物指南》，玻克因此書而被稱為德國的植物學之父。

對珍奇植物的高度興趣，後來導引出另一種新現象——公共植物園。長久以來，修道院、女修道院、大學和皇宮都設有私人的「藥用」花園，有的以圍牆圍住，有的甚至是食用或藥用植物的大型農場，這些園子，或用來做教學展示，或為了觀賞，或是在日益擁擠且瘟疫橫行的城市中，供精疲力盡的特權階級做為療養身心的場所。新植物園養了世界各地的植物，兼具展示觀賞和實用價值。佛羅倫斯著名的菩菩利花園設立於一五五〇年，乃是當時的梅迪奇一世買下碧提宮擴建而成。這座花園由裴利可立設計，占地三百二十公頃（將近八百英畝），蒐羅全世界最賞心悅目、最珍奇的植物，只供梅迪奇家族獨享。在此之前，第一座公共植物園在安古拉拉的指示下，已經於一五四五年在帕度亞開放了。一五六七年，愛德凡蒂建立了波隆那植物園，愛氏在波隆那大學講授自然史之時，也是第一個把不具藥用價值，單純只因其存在的植物納入課程中的教授。

當時，最具影響力的植物學家也許是義大利的普羅斯波羅·阿盤尼，他生於一五五三年，因此和莎士比亞幾乎是同時代的人。他在帕度亞大學研讀藥學，對那裡的植物園知之甚詳，後來到埃及旅遊，在開羅住了三年，然後回到威尼斯大學，成為植物學講師。他的《埃及植物誌》出版於一五九二年，向好奇的讀者介紹了許多異國植物，包括許多影響未來歐洲商業的植物，如大蕉樹和咖啡樹。現在南美洲到處都有種的咖啡和香蕉，最初是由歐洲商人從非洲帶過去的。阿盤尼雖然不知道確定的機制，他還觀察到樹的授粉過程其實就是一種交配過程，這次，他所觀察的是棗椰子，因而證實了亞述人的信仰，四千年前，亞述人有複雜的儀式，由祭司為棗椰子進行異花授粉。數個世紀以來，園藝人員一直都在為植物做授粉和異花授粉的工作，而阿盤尼是第一個研究授粉如何發生的植物學家。他還描述酸豆樹葉子的趨光運動，但不知道這種運動是隨著太陽在動的——他認為它們可能是在吸取空氣。他對植物的興趣既不神祕也不學術；他以一顆好奇心來看植物，也就是說，那是科學家的眼光，而非魔術師或草藥郎中的眼光。阿盤尼和莎士比亞都死於一六一六年。當另一位普羅斯波羅，即莎士比亞最後一齣戲《暴風雨》中的英雄，把他的魔法書丟在一旁，魔術年代就此結束。

蕨類世界

纖細的帚狀耳蕨葉子還在我們這棵樹的基部生長，雖然蠑螈已經離去。蕨類具有許多相當原始的特性；它們的美，是一種數學美，就像雪花或水晶之美。它們看起來就像是由電腦設計，用來展示混沌理論的植物。它們的基本結構和我們這棵樹相同，但只有二維空間。樹的枝條由主幹以輻射狀朝各個方向長出去，而帚狀耳蕨的葉子卻是兩兩相對而扁平，宛如樹影。和所有的蕨一樣，帚狀耳蕨是一種帶有蕾絲的優雅植物，每片葉子從其盤繞的維管束組織升起，長到一公尺半，上面有三十公分長的淺綠色指狀葉，從軸像刀片似地散開，平均排列在二側，愈上面愈細，這是典型的形狀。帚狀耳蕨的基部就在埋於土中的柄狀根莖之上，上頭覆滿了捲曲的棕色鱗片。

蕨類在地球各地幾乎都長得很茂盛。帚狀耳蕨只是生長在花旗松樹下幾十種植物中的一種，其他還有木賊和石松，蠑螈和蕨類的出現，是生態系統健康的象徵。穗烏毛蕨是這屬中唯一出現在北美者，其他都分布在熱帶，和帚狀耳蕨長得很像，但較矮小，而且其葉是連續而非分離狀，比較像割草機的刮刀而不像一排小刀；它長在沼澤地區，那裡比較適合美國側柏。帚狀耳蕨和穗烏毛蕨都是常綠植物，但羽節蕨的三叉葉在秋天會掉落；它喜歡酸性土壤，常常發現於陡坡和石壁上。甘草蕨是附生植物；長在苔蘚附生的大葉槭樹幹上。

蕨類看起來像原始植物，因為它們就是原始植物。當海洋植物海藻移到陸地上時，它們演化成苔蘚植物（苔類和蘚類），後來，爭取陽光的競爭愈形激烈，於是從地面上升高，成為蕨類植物（這種植物有根、莖、葉，但沒有花或種子）。木賊是最成功者；我們這座森林就有好幾種：問荊、溪木賊、平滑木賊，及各種各樣的木賊，木賊的英文 scouringrush 有刷的意思，因為它們看起來像瓶刷，而且實際上當它們長高時，原住民就用它們來刷烹飪容器。它們的莖含有矽和纖維素以做為支撐機構。木賊的葉子很像變形的芽鱗片。它們的莖中空而節節相連，就像竹子，而且和釘子一樣厲害；它們會推開水泥板，穿出柏油塊。

蕨類、木賊和石松掌控了植物界數百萬年，這段期間，它們的莖長得和樹一樣粗，還有龐大的葉子把沼澤陸地遮住。然而，在石炭紀結束時，氣候變得愈來愈乾燥，蕨類全軍覆沒；來自石炭紀大量的煤和石油，我們已經用了兩個世紀，全部都是蕨類化石變成的。現在，木賊是小植物，但十九世紀中葉，一株石炭紀的木賊化石在英國班森煤礦的礦層裡出土，它大得嚇人，所以礦場叫科學家過去檢驗。其主幹在分枝處之前長達十二公尺，基部直徑長一公尺。以前沒人見過這種東西，以後也很少見到。它被敲碎成煤出售，也許還充作火車頭的燃料，載著這些科學家回牛津。但結論已經出來了。當一塊煤燃燒時，其所釋放的熱能，係蕨類植物所收集的太陽能，儲存了三億年。

蕨類為隱花植物（cryptogams，來自希臘字「隱藏」和「已婚」）；它們以孢子繁殖，這是最先從細胞分裂改良而成的繁殖方式。孢子似乎是介於細胞分裂和公然性行為的過渡階段。蕨類以世代交替方式繁殖，這個現象最初是由德國植物學家胡麥瑟在一八五一年所提出，胡氏對細胞分裂和花粉形成的興趣也許來自他的近視毛病；他酷愛仔細檢驗所有的東西。他非常善於使用解剖顯微鏡，也是第一位觀察到細胞核內染色體的植物學家，雖然他不知道那是什麼。

成熟的蕨類散出數以千計的孢子。落在陰濕處者會立即開始生長，但不是長成蕨類的樣子；它們長成稱為配子體的扁平植物，直徑約數公分，它們葉狀器官背面長出來的並不是孢子，而是正常植物的兩性器官——雄性的藏精器和雌性的藏卵器，和現在所發現的針葉樹很類似。這些「隱藏」的性器官「結婚」以產生種子，一旦交配成功，就可以長成蕨。這種複雜而間接的繁殖方法，可能是為防氣候突然變化，不利於孢子繁殖和種子傳播這兩種策略時，為確保族群繁衍所發展出來的退路。

雖然氣候條件在石炭紀之末產生劇烈變化，造成大量植物死亡，但蕨類卻還能代代相傳活到現在，這也是我們現在還看得到這麼多種蕨類的原因。全世界有二萬多種蕨類，至少包括一種活化石——問荊，比其龐然大物的祖先小，但卻是同類中分布最廣者。有些現代蕨類並不小：美麗的熱帶桫欏經常可以長到三十公尺以上，而巨木賊可以長到十公尺。但大多數都低於一公尺，回復到它們祖先在石炭紀以前的大小。真菌依舊只靠孢子繁殖；而所有的裸子植物，像我們這棵樹，都是蕨類的子孫，它們走上種子繁殖這條路。胡麥瑟證實，針葉樹在演化上介於蕨類和開花植物之間。

裸子植物的意思是「裸體的種子」，來自希臘文 gymno「裸體」（希臘運動員在體育場裡裸體演出）和 sperma「種子」（抹香鯨〔sperm whale〕的英文為「精子鯨」之意，因為其頭部中白色的脂肪物質一度被認為是精液）。在裸子植物中，發育

花旗松林

成種子的胚珠，露天式地躺在毬果鱗片上，並沒有覆上一層心皮保護，像後來的開花植物，即被子植物（「包住的種子」）一樣。針葉樹產生種子的器官仍然稱為孢子體，表示蕨類產生孢子的器官之意。而木賊和石松，其孢子就放在孢子囊穗裡，其拉丁文和毬果是同一個意思。

裸子植物演化自蕨類，得到了形成層。它們還改善了莖部的強度，增加纖維素和木質素的量以做為支撐結構，並把中空的部分填滿死木材。它們為什麼要這樣做至今仍是個謎。可能是為了適應石炭紀之後的乾燥氣候；雖然外樹皮和把水分更有效地從根部運到高聳的樹冠，已經是相當出色的演化優勢。而發展出複雜的根系以吸取日漸稀少的地下水，這種方式比單靠根莖好。或者，這個策略只是從孢子繁殖轉換成種子繁殖的直接結果：當種子毬和花粉毬變得愈來愈重時，就必須有更強壯的莖來支撐。例如蘇鐵（類似棕櫚的熱帶樹）就有巨大的生殖器官。花旗松的種子只有數毫米，但某些蘇鐵的種子卻有六公分長，而攜帶這些種子的毬體可重達四十五公斤。即使是石炭紀像樹一樣的木賊也無法用其柔弱中空而沒有枝條的莖，撐起數百顆沉重的毬果。

心材才是解決方法。

然而，針葉樹仍然保留其蕨類祖先的纖細形狀；它們的樹幹高而尖聳，但卻不粗壯。花旗松看起來也許非常龐大，但就比例而言，是全世界這種高度中最細的樹。英國裘園的旗桿是從三百七十一歲的花旗松砍下來的，高八十二公尺，其基部直徑卻只有八十二公分。把它們等比例縮小，你就得到一株桫欏。

森林中的性

花旗松的雌毬會開放二十天來接收花粉粒，直到四月底左右。花粉粒一旦滑入雌毬苞片的平滑表面，就會被胚珠頂端微小具黏性的纖毛纏住。然後花粉粒舒服地待在這個開放區域兩個月，等著其附近的胚珠唇部脹大；胚珠漸漸把花粉粒包住，而花粉粒就像槌球般沉入軟綿綿的枕頭裡。五月初，有個開口發育出來，而胚珠變成了漏斗口；黏毛收縮成一個祕密通道入口，這個通道稱為精孔管，而花粉粒就掉進裡面，開始往胚珠的珠心前進，珠心即為胚珠中包著雌配子體的部分。花粉粒在行進時，會變成伸長的硬桿，其外壁由纖維素和果膠所構成。這時，桿子裡的花粉粒會長出兩個配子，即雄性精細胞，只有在這個時候，花粉管才和珠心接觸。花粉管的最前端碰到珠心時，會輕推，最後終於穿進珠心。

在一般松樹中，花粉管靠胚珠裡甜蜜而珍貴的流體流到珠心，但花旗松並沒有這種稱為傳粉滴的流體；花粉是靠一種強壯的夾子，從柱頭頂端移動到珠心。然而，現在是海岸區的五月，是雨季，可能會有一些雨水進入胚珠。當這種情形發生時，整個機制就變得和一般松樹一樣，水分讓花粉粒輕鬆地沿著胚珠通道進入珠心，然後排開水分子以接受發芽的花粉。數千年來，花旗松已經適應了發芽期間的下雨機率，不管潤滑作用是否出現，都可以順利授粉。

花粉管穿入珠心表面組織後會休息二到三星期，再繼續往胚珠藏卵器的頸部移動，進入藏卵器之後，繼續向卵子接近。這時，花粉管所有的內含物（帶有細胞核的細胞質、包著兩個雄性配子的體細胞，以及柄細胞）癒合成圓柱體，移動到花粉管的最前端。隔離精細胞和細胞質的薄膜破裂，把精細胞射出花粉管，使其和卵子結合。一個雌毬也許會收到一個以上的花粉粒。多餘的花粉粒就分解成種子所儲存的養分。

一六三三年，法國巴黎位於法柏格聖維克多的新植物園成立時，任命布羅斯為第一任總監。這十年來，他一直奔走遊說設立這樣的植物園，主要的構想除了當成公共花園之外，還可以做為生產草藥的實驗室和化學新科學的教學設備。擔任總監第一年時，布羅斯種了一千五百種植物，並教導學生這些植物的「外部」特性，即其外形和關係，還有它們的「內部」特性，即藥學性質。

布羅斯是當時最具前瞻性的科學家，他對於植物的行為竟然如此類似動物頗為驚訝。他的理由是，二者皆有出生、成長和運動，而且都需要養分、睡眠（冬眠），甚至至性；他是第一個認為植物的繁殖和動物一樣，需要雌雄交配者。他甚至還異想天開，思考植物是否有靈魂。生命就是生命，他堅持，不論其表現的形式是植物或動物，而且，這二者的生與死，都不是受到其形成時所植入種子的調控，而是受制於環境中其他因子的影響。他在新實驗室中，試著以裝著無菌土的盆子養植物，澆蒸餾水；當植物枯死時，他做出結論，植物從土壤中得到鹽類，從水中得到「靈糧」等養分。他還嘗試以真空方式來養植物，得到類似結果；空氣，他稱之為「精神」，是植物之所需，一如動物需要空氣。植物沒有肺，但昆蟲也沒有，而昆蟲沒有空氣就活不了。在他所寫的植物化學中，有一章幾乎已經了解光合作用；他寫道，化學變化是兩種機構合在一起的現象——植物，他稱為「工匠」，而火則是「通用的工具」，或是「偉大的藝術家」。

一六四〇年，當他的機構終於對大眾開放時，裡面種了一千八百種植物，許多是布羅斯從東印度群島和美國引進來的。不幸的是，在過度的準備和期待之下，他隔年就去世了。

然而，他的工作還是由一名德國醫師卡梅拉里烏斯接續下去，一六八八年，卡氏二十三歲，是圖賓根大學傑出的醫學教授，也是該市植物園的總監。一六九一年，他對植物的性行為有興趣，當時，在園中，他觀察到一株雌桑樹附近雖然沒有雄樹，卻還是結了許多果實。他檢查這些桑椹，發現裡頭只有發育不全或消掉的種子。他把這些無子桑椹比喻成母雞的「無精卵」，並做出結論，和母雞一樣，雌樹需要雄樹才能產生活種子。然而，到目前為止，這項結論只是根據單一觀察所做的未經驗證之假設；卡梅拉里烏斯對植物科學的貢獻是，他對這項假設進行一系列的實驗測試。

他把兩株雌一年生山靛盆栽放在室內，遠離雄株，讓其生長。和桑樹一樣，這些植物長得很好並結出豐盛的莓果，但果實只有半熟就枯萎、掉落，裡頭沒有發育完整的種子。接著他把蓖麻雄花序上開放的雄花花藥除去；該植物只結出「空殼子，最後掉落地上衰竭而亡」。他用菠菜、玉米和大麻重複試驗，全都無法產生活種子。「於是，似乎，」他在《論植物的性別》中寫道，「我們可以合理地給這些端點（花藥）一個更高貴的名稱，以彰顯其雄性器官的重要性，因為這種容器裡的粉末是植物最微妙的部分，其分泌物收集起來，然後供應給種子。同樣明確地，子房代表了植物的雌性器官。」

六月初，雌性卵子的細胞核脹大，移動到藏卵器中央，周圍的細胞質變成濃稠的纖維狀液體。細胞核就像是半流體湖中的小島，是雄性配子的目標。當花粉管進入細胞核時，就把其全部的內含物倒進藏卵器中——細胞核、兩個配子（只有一個能到達島上）和柄細胞。兩個配子中較大的一個，藉著細胞質的能量，向湖中的卵子細胞核前進；較小的配子很快就放棄並分解，把其具有生產力的物質提供給正在形成中的種子。勝利的配子抵達細胞核，漸漸穿透細胞壁，讓卵子受精。到了六月第二周，我們的樹已經達到性成熟。在七月到八月期間，細胞在發育中的胚芽裡不斷地複製，大約這時候，清教徒移民前輩正在照顧他們第一次種田所長出的穀物，這塊位於新英格蘭森林中的地，被發現時已經清理乾淨。到了九月，當氣候合宜，北美東西兩岸的種子已經就序；我們這棵樹上的雌毬張開苞片，把四萬顆帶著翅膀的種子，釋放到溫暖、乾燥的秋空中。

第四章　成熟

當芽苞長出新芽，
健壯的會長出枝條，遮蓋四周的弱枝，
我相信這巨大「生命之樹」的世世代代亦復如此，
地表堆滿它的枯枝落葉，
然後新枝不斷冒出，
以美麗的枝椏縱橫覆滿大地

——達爾文《物種源始》

三百年來，我們這棵樹一直在九月的和風中散播種子。適逢豐年的時候，一如今年，它會產生大量種子。有些年的秋季則一粒種子也沒有。所有會結子的樹都有繁殖周期——櫟樹以不規則結子聞名，但即使是栽培的蘋果樹也是每二年才有一次結得比較好。花旗松的結子節奏有三個交叉周期：有二年周期與七年周期，理由至今不明；而二十二年周期，似乎是反映太陽表面黑子活動的高峰。當這三條曲線交會時，大約每十年一次，樹會結出豐富的種子。如果我們這棵是櫟樹，這一年就稱為豐年。

櫟樹的豐年現象，經由一連串的複雜事件，和萊姆病的發生有關。一九七五年，耶魯大學醫學家調查一群康乃狄克州海邊小鎮萊姆鎮的關節炎年輕病例，人數超過五十一個。艾倫．史帝爾和他的同事發現其症狀是名為遊走性紅斑的特殊牛眼疹和關節腫脹，後來此病命名為萊姆病。一九八二年，伯格多費在蜱的汁液中發現一種螺旋體菌，稱為伯氏疏螺旋體，此病證實為這種螺旋體菌所造成。

白尾鹿一般以灌木的嫩葉為食，但在豐年，牠們會到櫟樹林裡大啖橡實。牠們在那裡引來鹿蜱成蟲。母蜱吸了四到五天的血，吸夠了就從寄主身上掉落到樹葉堆裡過冬。到了春天，母蟲所產下的卵塊含有數百到數千顆卵。

豐年裡的大量橡實還引來白足鹿鼠到此處蒐集、儲存大量核果。然後牠們產下比平常更多的幼鼠，存活率也高於一般時期，結果，到了隔年，「鼠口」爆炸，從而提供剛孵化的幼蜱大量的吸食機會。白足鹿鼠是螺旋體菌的帶原者，當牠們被幼蜱寄生時，細菌就透過血液傳到硬蜱，使硬蜱感染。硬蜱吸飽之後掉落林床過冬，春天從蛹中冒出，準備散播螺旋體菌。如果有行人碰巧經過，硬蜱就會附在不知情的受害者身上。因此，豐年之後兩年，人類就發生萊姆病流行。

庫蘭和她的工作夥伴在研究龍腦香科植物時，發現了另一個神奇的豐年現象，龍腦香科植物是印尼林冠層的主要樹木。從一九八五年到一九九九年，科學家聚集在婆羅洲巴隆山國家公園一百四十七平方公里的土地上。他們發現整個森林生態系有一種豐年現象，五十種以上的龍腦香樹以大約三．七年的周期，於短暫而密集的期間同時繁殖，產生大量的果實和種子。在六周的豐年期間，百分之九十三的樹會掉落果實，研究人員發現，每公頃達一千三百公斤。大量的動物被吸引過來，包括山豬、紅毛猩猩、鸚鵡、原雞、松雞、數不盡的昆蟲，甚至當地村民。科學家發現，引發豐年的因素是聖嬰現象／南方震盪，為一種熱帶洋流周期性變動形態，於六到八月間為印尼帶來乾旱。豐年現象接在乾旱之後。這是一個樹群的神奇演化策略。

有些生物學家認為，豐年現象是樹木用來控制掠食者的策略。豐年之間夾著漫長的無果期，靠種子或核果為生的動物就得受制於樹木，被迫進入大餐與饑荒循環。如果饑荒期夠長，則動物族群數量就會銳減而樹就安全了，至少安全一陣子。在中國，有些種類的竹子每一百年才結一次子，然後死亡，造成吃竹子的貓熊餓死。

以種子為食的松鼠和鳴禽

在花旗松林裡，以種子為食的掠食者主要是橙腹赤松鼠，長二十公分，腹部及眼圈為閃亮的深黃色，黑耳，尾部比身子短，活力十足。在夏季，橙腹赤松鼠就坐在高處的枝條上，摘下成熟中的毬果，並開始有系統地剝毬果；從底部開始，一次剝一鱗片，吃掉毬果基部的種子，而空鱗片和最後被剝剩的心則丟到地上。現在到了秋季，松鼠趕在種子散開之前，瘋狂地從樹上摘下數千枚種子毬。松鼠把毬果從莖部切下，丟到地上，然後匆匆趕下來把毬果藏到地面上倒木和枯樹頭底下的洞裡，毬果在那裡保持濕潤卻不會讓種子淋到水。許多毬果鬆鬆地埋在林地表面，將來有些種子會發芽。松鼠的速度和效率非常驚人。加州觀察到一隻松鼠在三十分鐘之內切下五百三十七枚紅杉的毬果；四天就把過冬用的收成準備好。繆爾對這種勤勞的小動物非常欽佩，他估計森林所長的毬果，由活力十足的橙腹赤松鼠經手者高達百分之五十。

橙腹赤松鼠和牠們的近親北美紅松鼠一樣，有強烈的地域性，每隻守著約一公頃的成熟花旗松林。牠用尖銳、嘈雜的叫聲保護家園不受飛鼠、花栗鼠的侵犯，尤其是其他橙腹赤松鼠，包括潛在的交配對象。牠們在區域裡的樹幹分叉處築夏巢，或稱松鼠窩，有時則占用老鷹或渡鴉所遺棄的巢。到了秋天，牠們會離開夏巢，利用當時掉落的低層枝條和雨水滲入腐根所形成的空隙（通常還有昆蟲、啄木鳥和撲動鴷挖過），在樹洞裡築窩。松鼠在洞裡排上一列列的碎樹皮和針葉，底部填滿種子以備不時之需。牠們並不完全進入冬眠，但一次會睡上好幾天，醒來吃點存糧，然後再睡。

牠們的繁殖期在春季，接在樹木繁殖期之後。四月求偶交配期間，牠們以花旗松與美國柱松花粉為食；五月中幼鼠出生時，則以樹木嫩芽餵食。幼鼠撫養八周，到了七月中旬之後，就會被趕出出生的窩，獨立生活。現在，這還不到一歲大的小傢伙必須自己去找過冬的食物，並改吃成熟的種子毬，因而與已經建立勢力範圍的成鼠競爭。一歲的成鼠不易尋求和護衛自己地盤，這正是橙腹赤松鼠無法繁殖到布滿整個地球的原因；很多會找不到自己的地盤，也無法儲存足夠的糧食過冬，而在春天來臨之前餓死，這個問題在花旗松老熟林不斷開發下，更形嚴重。

九月的第一周，剛好是種子蹦出時，秋季遷徙的燕雀類開始回來了。對某些候鳥而言，例如暗眼燈草鵐，這是牠們遷徙到達的最南端；牠們加入留鳥型的燈草鵐，這些留鳥整個夏季都在此地。今天，所有的燈草鵐都叫暗眼燈草鵐，但西部森林裡的燈草鵐有兩型：以前分別稱為灰藍燈草鵐和奧勒岡燈草鵐。灰藍燈草鵐的上部是堅實的灰色（暗灰色的冠羽、胸、翅和尾部），披上背心似的暗黃色羽毛，還有兩道雪白尾羽，當牠們在空中煞車準備降落時，看起來就像幽暗灌木下的火花。奧勒岡燈草鵐有深色冠羽，但上半身其餘部分全是紅褐色，肩部有赭色斑，兩側為略淡的紅褐色。這兩種全都稱為暗眼燈草鵐，來自拉丁文「Juncaceae」，即燈心草。這應該是以前有人曾經認為燈草鵐以燈心草的種子為食，其實牠們並不吃燈心草種子。牠們春天以蜘蛛和昆蟲幼蟲餵雛鳥，但現在是秋季，成鳥在光照充足的草原及森林邊緣搜尋食物，吃各種種子，卻不包括燈心草。牠們進食時大都在地上，以併腿跳的方式移動，最有名的就是「連環雙跳」：第一步向前跳，落下時雙腳把帶有種子的草稈壓下，接著迅速往後跳，把掉落的種子啄起來。

燈草鵐及其他的過冬鳥類——松金翅雀、歌帶雀、金喉雀、紅交嘴鳥和紅朱雀等，也吃花旗松子，九月底，花旗松子覆滿大地，宛如一隻隻透明的小魚乾。鳥吃松子，因為松子大而富含澱粉，值得花力氣去打開它們。在非豐年裡，以果實為食的鳥類總計吃掉樹子年產量的百分之六十五。

對某些候鳥而言，如雀類，從北方森林往南遷移時，九月不過是補充碳水化合物的暫時落腳點。有些雀鳥會大啖花旗松子，然後一路沿著太平洋岸把種子隨著排泄物排掉。其他則在飽食種子之後，輪到牠們被美洲茶隼、紅尾鵟和毛足鵟吃掉，嗉囊遭撕開而種子四散，或是被這些鷹類吞下，種子就存在鷹的糞便中。北方老熟林的種子就以這種方式傳播，改變低緯度森林的組成。千百年來，這種鳥類遷徙和其所帶來的樹木，已經改善氣候及南區的侵蝕形態，因為森林蒸發水分會改變水文循環，而風吹過森林的效果也和吹過光禿禿的土壤不一樣。

樹木反擊

儘管樹是各種掠食者的目標，卻還是活得相當旺盛，掠食者計有：覬覦種子和花旗松嫩芽的鳥類、松鼠、黑尾鹿等；喜歡侵入有髓的核之真菌；攻擊芽和針葉的昆蟲；以及以各種不同方法進入細胞壁的各種細菌和病毒等。植物不能拍打或躲避害蟲，而是靠化學武器兵工廠來抵擋病原體侵襲。一株健康的植物就是一座效率良好的生化廠，持續生產各種化合物，有些可以促進生長，有些則是所謂的次級代謝物，常常用來抵抗入侵的敵人。幾個世紀以來，從古代的草藥到現代藥學，人類利用自樹的多數醫療和養生效果，就是衍生自這些次級代謝物。這些化合物分為三類：帖烯、酚和植物鹼。

有些帖烯可以幫助樹木生長，例如荷爾蒙勃激素就帶有帖烯基，但大多數則是用於防禦。樹脂包含單帖類和二帖類，在樹的莖部和枝條中上上下下地流動，甚至經由樹紋裡的特殊導管，進入針葉和毬果。當昆蟲幼蟲鑽進樹裡，牠很可能穿破一些這種導管；一旦發生這種狀況，樹脂就會倒入昆蟲的進食室。樹脂好像沒什麼驅蟲效果，卻含有帖烯可以進一步殺害昆蟲胃部。接著樹脂硬化，把傷口封起來以免真菌孢子跑進來。一株受到嚴重侵襲的樹，其樹皮上可能有數百處樹脂傷口。有些帖烯具有毒性。例如馬利筋草的帖烯對鳥類就帶有毒性，這也是為什麼帝王蝶幼蟲喜歡吃馬利筋草的原因；吃下去的分子發揮減少鳥類掠食的作用。楝樹的藥用抽取物楝樹油為三帖類，具強力殺蟲效果。

酚為苯基，通常具揮發性——可在空氣中傳得很遠。有些酚稱為類黃酮，植物花朵吸引授粉昆蟲的香味和顏色，就是由其負責。其他的酚為植物相剋作用的元素，這是同一個生態系中，某株植物防止其他植物生長的能力：例如黑胡桃樹的根部會分泌一種化合物，防止其他植物在其樹冠正底下生長。某些沙漠植物會釋出一種酚——水楊酸，可以做成阿斯匹靈——阻礙附近植物根部吸收水分。

然而，有些時候影響是正面的；以酚之排放，警告附近同種植物有食葉昆蟲來襲。一九七九年有一項實驗，將三組盆栽柳樹置於封閉房間內，其中二組在同一室，而另一組則置於另一房間。第一間裡，半數的樹放上食葉毛蟲。二周後，受侵襲植物的免疫系統啟動，以驅逐毛蟲的入侵，而同一房間裡未受侵襲的植株也啟動了免疫系統；然而另一獨立房間裡的樹卻不受影響。第一間房子裡受侵襲的樹以某種方式警告其他樹——而且不是透過菌根溝通，因為樹種在盆子裡。受侵襲植株排放出某種揮發性化合物，把附近植株的主開關打開。

植物受到草食性昆蟲攻擊時，還會釋出酚以吸引其他以入侵昆蟲為食的昆蟲。例如，山菸草實驗顯示，當其葉子被天蛾毛蟲所吃時，該植物會放出芳香類化合物以吸引大眼長椿象，這是一種以天蛾卵為食的卵生昆蟲。顯然，毛蟲唾液裡的化學物質啟動了求救訊號的排放。銀杏、玉米和棉等植物中都發現類似的酚。荷蘭植物學家迪克研究過皇帝豆排放的化學物質，根據他的研究，「大多數植物，也許是所有植物，都具有和保鑣對談的特性」。植物會呼叫許多種蜘蛛和寄生蜂來幫忙，而這些掠食性昆蟲已經演化出監控空氣中這類化學物質的能力。

丹寧酸為類黃酮聚合物，保護樹的組織不受微生物的侵蝕——其功能與鞣皮革相同。櫟樹、栗樹和針葉樹的丹寧酸還能破壞草食性動物的腸子，以防止牠們進食；丹寧酸會破壞腸子的上皮細胞層，造成動物無法消化所吃的食物。結果，有些草食性動物，如鹿，必須吃大量的葉子才能得到足夠的養分以維持重量。動物吃植物以獲取氮，植物利用這點，讓它們不同部位的葉子含有不同量的氮，因此，草食性動物，包括昆蟲，必須從樹的某部位移動到另一部位，或是從某棵樹移動到其他樹，或是更好的情況，從某一種樹移動到另一種樹以取得適量的氮。

即使如此，植物還是儘量讓它們所含的氮保持在最低量。樹的含氮量是所有植物中最低者——低到木質部只有百分之〇．〇〇〇三，葉子最高可達百分之五，而芽苞和嫩莖則為百分之八。大多數昆蟲體內的氮必須維持在百分之九到十五才能繁殖。植物還在氮中混入酚毒，如丹寧酸和植物鹼，使其葉子和種子不可食。草食性動物的遷徙，包括鹿、美洲野牛和昆蟲，部分的解釋原因是牠們必須一直追求富含氮源的牧草，因此，我們或許可以說，這乃是受植物所控制。

植物所產生的第三種次級代謝物植物鹼，可以像光通過玻璃一樣，穿透細胞膜。它們直接進入中樞神經系統，在腦中引發反應。例如咖啡因就酷似腎上腺素，是我們產生清醒錯覺的原因。咖啡因癮是令人挫折的永久性腎上腺毒癮。菸草的植物鹼尼古丁，進入腦部的速度是咖啡因的十倍，因此更容易上癮。嗎啡則是鴉片的主要植物鹼，也是非常容易上癮。

並非所有植物鹼都對人有害。預防瘧疾不可或缺的藥奎寧，就是金雞納樹皮中的植物鹼。提煉自顛茄根部的阿托品，可做為刺激呼吸藥或止痙攣藥，但大部分生物鹼於攝取多量時皆有毒性。馬錢子鹼是東南亞毒果馬錢子的植物鹼；十九世紀時，用其稀釋溶液可治酒精中毒，但只要稍微濃一些，就會導致極度痛苦而死亡。尼古丁原用於治療疥瘡，劑量強一些可治癲癇（也就是當時所稱的羊癲瘋）；劑量過強則會造成意識喪失甚至死亡。從東印度迦素巴素樹（一種格木屬植物）所提煉之神經西定，牙醫用來取代砒霜當止痛劑，毫無疑問，許多病人得以免除疼痛，但狗每公斤體重只要皮下注射達一微毫克就會致命。過去試圖尋找較不易上癮的鴉片衍生物，結果事與願違，反而做出實際上癮度達二十倍的化合物：海洛因。

我們這座森林裡含有一些致命的植物鹼。大都屬於美麗的百合科。例如劇毒棋盤花，有精緻的黃花，和長在一旁的克共蓮非常像，真正的克共蓮根可食；在食物短缺時，本地的原住民會到森林裡的「克共蓮農場」非常小心地分辨這兩種植物。加州藜蘆也長在這區，通常位於顫楊樹底下；母羊懷孕十四天時吃了這種植物，會產出獨眼畸形胎——生下來的小羊前額中間一隻眼睛。當地原住民把其根煮成湯汁，連續三周每天服用三次，可以導致不孕。雖然當地原住民以嫩的美國白藜蘆經過初霜的葉子泡水來降血壓，其幼苗卻帶有劇毒。這種植物曬乾磨成粉，可做為園藝用殺蟲劑出售，名為藜蘆粉。迪奧斯科里斯知道白藜蘆，他說其根部曬乾磨成粉混以蜂蜜可殺老鼠。

哈佛癌症中心在《科學》期刊發表了一篇賓州某醫院於一九八四年的研究報告。結果指出，術後若安排病人住在窗外有樹景、而非典型都市景觀的病房，病人不僅恢復較快、藥物用量也比較少；於是研究人員著手尋找符合科學邏輯的解釋。其他與「樹木有益健康」的案例也逐一浮上檯面。舉例來說，全世界最大的公共住宅計畫「芝加哥泰勒國宅」曾進行過一項研究，結果顯示，屋棟入口周圍植有樹木者，鄰居間關係比較好，居民的社區意識也比較強；而入口周圍盡是水泥及玻璃者則恰恰相反。怎麼會這樣？

「森林浴」這套日式修行倒是給了答案。森林浴按字面解釋是「沉浸在森林中」，實際意思是「吸入森林的氣息」。研究森林浴的學者指出，城市人每天只要在林間散步二十分鐘、置身低皮質醇環境（皮質醇即「環境荷爾蒙」），即可降低血壓、紓緩交感神經興奮並提升副交感神經活性。照這樣看來，儘管視覺、聽覺刺激似乎也可能引發上述變化，但「呼吸」應該才是關鍵要素。另一項試驗則是讓受試者接觸日本柳杉、絲柏和台灣檜木等三種日本森林常見的樹木的氣味。結果，所有受試者的血壓均下降、大腦前額葉皮質活動增強、身心更為放鬆，進而提高專注力與生產力。追本溯源，這些好處來自一種揮發性次級衍生物：芬多精——許多樹木和植物都會散發芬多精，用以驅退天敵或掠食者的攻擊。這種設計用來降低植物吸引力的化合物何以如此吸引人類、或引發刺激，目前仍是個謎；不過對人類似乎好處多多。

種子與性

既然每年所生產的種子有百分之六十五為鳥類所食，而剩下的大部分又被橙腹赤松鼠、老鼠、田鼠和花栗鼠處理掉，於是花旗松種子掉落後能長成新樹的機率不到百分之〇．一，也就不足為奇了。面對如此大的折損率，大量產生種子是一種補救方式。和某些開花植物比起來，花旗松還算微不足道——例如蘭花，一個果莢就包含高達四百萬顆種子，而其成功率則遠低於花旗松。中世紀哲學家，如聖多瑪斯（為雅伯圖斯的學生，後來在科隆及巴黎成為同事），企圖把亞里斯多德的原理移植到基督教教義，融合理性和信仰，把這種大量產生種子的現象視為造物者的偉大設計。大自然是「上帝所撰寫的書」，而種子過度生產則是大自然豐盛的一部分；必須產生足夠的種子以餵養所有動物，包括人類，還要剩下夠多的種子以延續物種命脈。於是，過度生產既是天命之跡象，也是自然因素的結果。

《聖經》的比喻：「凡有血氣的，盡都如草。」實際上一點也不誇張；幾乎每一樣我們所吃的東西，不是植物本身，就是靠植物維生的動物。人類很少吃肉食動物。我們正常食物中的肉食動物，除了吃昆蟲的鳥類之外，就是魚類，許多都是養殖的——最有名的就是鮭魚。養殖肉食動物的效率非常低；每一公斤的鮭魚肉，要用三到五公斤的食用魚切成肉丁去餵養。這就好像拿綿羊和山羊去餵獅子，然後再吃獅子。

現在我們知道，可耕種土壤層是支撐人類文化命運的薄薄一層希望。如果把地球縮成籃球大，則地表土壤就只有一個原子的厚度。然而我們卻很糟糕地濫用這脆弱的土壤層，農作上使用化學藥劑，並在上面傾倒有毒廢棄物。如果所有血氣盡皆草木，則善待草木就符合我們自己的利益。

早期的神學家想辦法調和神學和他們所學到的科學，因此，以「神聖之命」確保植物產生足夠的種子，以餵養神所創造的萬物，並使萬物活動，這是很合理的。十七世紀的英國，這種見解的主要擁護者就是雷伊，人稱英國自然史之父。雷伊是天主教神父，後來教授希臘文和數學，對植物學有興趣，寫了許多不同樹種之汁液流動、發芽的論文，並比較其異同。在最後二篇論文裡，他和當時許多的植物學者一樣，研究一套分類系統，尋求一種可靠而一致的方法，根據種子、果實和根部的特徵，把植物界組織起來。植物學和動物學的田野調查似乎每天都有新資訊出現，必須有一套通用法則才能讓這麼一個混沌變成井然有序。

雷伊想到了植物的性，對一個英國清教徒而言，性是可恥的想法，因此他並未認真探究，但這個想法後來在歐洲竟大為流行。一個世代之前，英國植物學家格魯認為花藥就是植物的雄性器官，而雷伊傾向於認同這個想法——也許，如果他不是清教徒的話，還會去思考雌性部分。以這種方式把動物和植物統一起來，也許更容易找出分類的通用系統。但幾乎要半個世紀之後，才有人公開發表這種想法，先是義大利人卡梅拉里烏斯，接著是法國人瓦揚。

瓦揚負責巴黎御花園（即後來的植物園）的品種蒐集工作。一七一四年，他負責監造法國第一座溫室，後來成了該園的教授。他所開的第一門講座是植物之性的存在，此乃拉布羅斯見解的延伸，也是卡梅拉里烏斯的理念首次在法國發表。他於一七一七年九月開講，受到熱烈歡迎，雖然瓦揚的課排在早上六點，卻座無虛席。他當年用來展示的那棵開心果樹，至今仍種於自然歷史博物館高山花園。瓦揚於一七二二年死後，課程內容出版，繼續引起迴響。影響最深遠的，或許是瑞典烏普薩拉大學一名貧窮的年輕學生，迫不及待研讀此書，他就是林奈（Carl von Linne，後來以 Carolus Linnaeus 聞名）。

雖然植物具有性身分並非新想法，但瓦揚的貢獻及激起林奈興趣的，是植物的性器官在不同物種間非常一致，可以做為分類系統的基礎。當時其他分類系統依賴植物花朵形態、顏色或大小等模糊而主觀的判斷。林奈所提的是直接對生殖器官做數學計算——即古爾德所謂「枯燥的解剖數字」。

當時，分類這門學問和拜占庭帝國的血統一樣複雜——自然界的分類法竟有三百多種。林奈研讀瓦揚的論文之後，所建立的基本方法極為簡單。泰奧弗拉斯多已經以「屬」和「種」來辨識標本；林奈只是在其上面加了兩層——「綱」和「目」，並設置一套簡易方法，把每種生物填入空格中。一株植物歸哪一綱，由其雄蕊（雄性器官，帶著花藥的細絲）數和排列方式決定；歸哪一目則由心皮（雌性器官）數和排列方式決定。他的系統之於植物，就如同杜威十進分類系統之於書本：計有二十四綱、數十目、數百屬和數千種。整個世界就像個大圖書館，每一物種在正確的樓層（綱）、適當的區（目）、正確的書架（屬）上有其特定的位置——而且不只是對已知的每一物種而已，對每一個進入圖書館的新物種也同樣重要。任何一個帶著放大鏡，能夠從一數到二十的人，都可以像在實驗室一樣，輕易地在野地判別每一種植物的綱和目（具一枚雄蕊的植物是單雄蕊綱，即「一個男人」之意；如果有二枚，就是雙雄蕊綱；到二十枚為止為雙十雄蕊綱；超過二十枚雄蕊的都稱為多雄蕊綱）。自林奈氏之後，新植物的分類實際上已成例行作業。

林奈所發展出來的分類系統，至今仍是分類的主要形式，雖然後人又添加了幾個分類層級。地球上所有生物都歸入三大域：細菌、古菌和真核。真核生物是人類的祖先，可能在二十億年前從細菌脫離出來。於是，人類的分類身分如下：真核域、動物界、脊索動物門、哺乳綱、靈長目、人科、人屬、智人。花旗松的分類身分是：真核域、植物界、毬果門、松綱、松杉目、松科、黃杉屬、西部黃杉。

對某些人而言，這些全都沒有給生物一個真正定義。事實上，林奈氏分類法的簡單正是導致某些人反對的原因。這就好像林奈把植物學的趣味給剝奪了（如同杜威被說成把瀏覽書籍的趣味給葬送掉一樣）。別管果實的豐碩之美、山溪上的枝椏彎曲有致、雨後閃閃發亮的草原，配上花朵繽紛的絢麗景象；它有幾枚雄蕊？幾枚心皮？林奈自己在寫作時，試著軟化這些冰冷的解析數字。一七二九年，他描述一株帶有一枚雄蕊和一枚雌蕊的植物就好像新郎、新娘的洞房花燭夜：「此花之瓣……宛如新人之喜床，在造物者的壯麗安排下，飾以高貴床帘及溫馨的香味，新郎和新娘舉行隆重婚禮。」但這沒用。林奈氏的系統非常枯燥，驚喜全被濾除，也許，他不得不如此。

「該系統的巧思和用處不容置疑。」達爾文《物種源始》唯一提及林奈之處如此寫道。這位瑞典自然學家認為他的系統把上帝的天機解開了。「但除非該系統明確點出時間或空間，或此二者之規律，或造物者計畫之其他意圖，」達爾文寫道，「否則，對我而言，並沒有增長吾人之知識。」

林奈的花園位於烏普薩拉故居的後方，現為妥善保存的聖地，作家符傲思於參觀之後，附和達爾文的指控。符傲思知道，他所站的地方，正是大爆炸的發源地，「在人腦裡造成的輻射和突變不計其數，而且綿延不絕」——在林奈這一小塊土壤上「所落下的一粒知識種子，如今已長成大樹，把整個地球給遮住了」。但符傲思坦誠，他是「林奈氏的異教徒」。他對林奈努力建立的植物辨識法極為反感，把自然現象化約成特定秩序裡的特定類別。他視其為邁向以人類為中心的第一步，我們所定義的大自然，只是我們所在之地，或我們附近的環境。林奈的系統，他說道，要求我們放棄「見識、理解和體驗的某種可能性」，以換取分類和標示；就好像透過照相機的取景器來看大自然。「而這就是，」他寫道，「烏普薩拉知識之樹所長出來的苦果。」

近年來，科學界具有解開並比較ＤＮＡ的能力，為林奈觀點的正確性，甚或其觀點之美，提供新的認識。ＤＮＡ分析遠比數一數心皮和雄蕊來得複雜，是種有力的工具，可以確認兩個看似毫不相干的物種之關係程度。ＤＮＡ法的關鍵在於四項分子結構排列，這些分子結構稱為鹼基，以四個簡單英文字母表示：Ａ代表腺嘌呤（adenine）、Ｔ代表胸腺嘧啶（thymine）、Ｇ代表鳥嘌呤（guanine）、Ｃ代表胞嘧啶（cytosine）。這四種鹼基以線性方式，沿著分子鏈排列，二條ＤＮＡ，以鹼基配對的方式相互螺旋扭絞在一起：一條ＤＮＡ上的Ａ總是和另一條的Ｔ配在一起，而Ｇ總是和Ｃ配對。一條ＤＮＡ上的鹼基序列，以三個字母所拼成的字，構成一道訊息，或是一個句子（基因學家把一物種的整套ＤＮＡ組合稱為「書」）。

鹼基配對傾向是有用的特性。如果一ＤＮＡ分子溶液受熱到鹼基間的鍵結斷裂，則成對的ＤＮＡ股就各自分離而自由流動。在緩緩冷卻中，這些鹼基顯然會相互碰撞，再度形成配對。由於配對的序列非常特殊，所以雙股分子又重新建立起來。如果一物種的ＤＮＡ和另一物種混在一起，溶液加熱後再緩緩冷卻，某一物種的ＤＮＡ股也許會發現另一物種的DNA與自己類似，從而二股可能結合，形成混種。這種混種可以測量，並決定各物種形成混種的比率。如果二物種形成混種的比率相當高，則我們知道這二物種的關係密切，因為它們必然有非常多類似的序列。在非常多的案例中，由DNA分析所確定的物種血源關係與林奈的觀察或預測相當吻合。

翅與風

各物種在各自的利基解決各自的問題，否則就滅亡，而解決方法之巧妙各有不同，一如各物種和各利基的變化多端。但一個物種解決了一個問題之後，當類似問題發生時，未必會尋求同樣的解法。例如，植物如果夠理智，在妥善解決花粉傳播問題之後，也許會採用相同的策略來傳播種子。但這種情況幾乎從未發生。

花粉和種子的傳播目的非常不同。樹也許發現，把花粉傳得愈遠、愈廣，使其個體基因物質的散播機率極大化，非常有利。但讓一個蘋果落在離母株非常遠的地方，卻未必是個好主意。授粉者為遠方的樹授粉之後，也許應該管好自己的事就行了，讓樹自己去照顧自己的種子。雖然在已經建立起來的菌根床上，種苗難以生長，但落在親代附近對子代有利，因為它們的根會鑽入與親代完全一樣的菌根床。這不只可以確保幼株找到合適的真菌，利用既有的地下網絡分享養分，還可以擴展該網絡，從而讓親代和子代雙雙受惠。雖然在菌根社群裡，大樹好像具有較大的吸收力，而以犧牲小樹為代價，讓大樹更加茂盛，但事實上，就比率而言，大樹對系統所貢獻的碳水化合物比小樹還多。母樹事實上會照顧小樹，就像熊或黃色林鶯一樣。而且，不行自花授粉的植物，當附近有許多同種樹時，顯然活得比較好。

雖然花旗松傳播花粉和種子都要靠風，但卻確保花粉吹得愈遠愈好，而讓種子待在附近。花旗松的種子具有單翅，這在針葉樹裡頗常見，卻不是所有針葉樹都如此，但因為花旗松的種子頗重，鮮少能飛很遠。有的針葉樹根本不讓種子四處漂泊。例如美國柱松把種子包在毬果裡長達七十五年；如果沒有火燒來釋放種子，毬果就會從樹上落下，種子還是待在裡頭，只有在毬果分解之後，種子才會釋出。窄果松的占有欲更強；它一直抓著種子，連樹皮都長出來包住毬果，一直要到母樹死後倒在地上，種子才釋出，而母樹腐爛時，正好充當自己子女的堆肥。

其他的有翅種子和果實飛得更遠。榆樹和梣樹的果實帶有一對翅膀。結果，它們以迴旋方式慢慢地降落而飛得比核果還遠。在北美洲東部的針葉林裡，剛葉松並不是在秋季一次釋出全部的種子，而是斷斷續續釋放，一直到冬季；種子落在冰雪上，繼續被風和春季的徑流（runoff，未被土地吸收而在地表流動的水流）帶走。梭羅觀察到一粒剛葉松種子：「就這樣橫渡我們的池塘，池塘寬半英里，我想，在某種情況下，沒有理由它不能隨風吹個幾英里遠。」例如，沿著結冰的河流，或跨越一連串的草原。最大的有翅種子就是巴西中裂豆，或稱斑馬木；其翅膀展開達十七公分，種子以漂亮的角度優雅地降落，就像滑翔機降落一樣。

並非所有靠風傳播的種子都有翅膀。有些具有降落傘——例如蒲公英種子或是南非銀樹的種子。有些則具有氣囊，如魚鰾槐豆；它們的豆莢鼓起來，一旦脫離植株，在空中飄得很遠。小型南極洲植物羽狀槲寄生的雄蕊，把花藥遞給子房之後，就把自已重新排成羽毛狀，連在種子上，就像帆一樣。我們不覺得風滾草是種子的傳播單位，但它們正是。刺海蓬子的種子乾燥後準備發芽時，會從根部脫離，捲成球形，讓風吹著到處跑，跨越平原，每次碰觸地面時，就會散播種子。葫蘆似乎設計成水運方式，但有些長在沙漠地區的葫蘆果實卻靠風傳送。它們乾燥後和空氣一樣輕盈，在沙漠中四處滾動，直到落腳於濕潤地，可能是綠洲，當陽光將它們曬暖之後就會爆開，把小小的黑種子散到風中。

靠水傳播也一樣很普遍，尤其是南方，地球表面大都為水，而且位於熱帶，水溫暖、平靜且富含養分。靠水運送的種子必須能夠漂浮和防水。有些植物的種子還含有氣囊以維持漂浮，如花菖蒲。有些種子表面有一層軟木，有些則有一層蠟，有的則是油。椰子是名副其實的小圓舟，可以漂流數年之久。落入海中的種子還必須耐鹽。

達爾文在家鄉肯特郡塘屋後方，養了幾英畝的花園，他對種子如何傳播很感興趣，並做了極多的實驗以了解其運作方式。在溫室中，他設了一個裝滿鹽水的水槽，裡面放了各種怪異的組合：裸露的種子、帶果莢的種子、死鳥嗉囊中的種子、未成熟種子、熟種子、附在枝條上的種子，和包在土壤裡的種子。他想要證明，種子有能力從大陸漂到海島上，或是從一個島漂到另一個島，而且還活著。許多植物學家懷疑種子有這種能力，因而提出各種精巧的運送方法來解釋，舉例來說，為什麼歐陸的原生植物在阿速群島也可以看到。陸橋是最普通的解釋；有些則慎重其事地認為，失落大陸亞特蘭提斯才是答案。達爾文決定要證明「我們無權認為，在物種存在期間發生如此巨大的地理變化。」他認為我們沒有權利這樣做。

他在《物種源始》中報告實驗結果。「出乎意料之外，」他寫道，「〔在鹽水槽裡〕浸了二十八天之後，我發現八十七種中有六十四種發芽，而且有不少浸了一百三十七天之後還活著。」乾榛子浸了九十天還活著；乾蘆筍植株泡了八十五天，種子依然正常發芽。他做出結論，任何一個國家，都有百分之十四的種子，「也許可以在洋流中漂浮二十八天，而且還有發芽能力」。經他計算，這可以讓種子在海中漂流一千五百公里，而且到達後還可以長大成樹。再加上許多由鳥嗉囊、鳥糞運送的種子、夾藏在漂流木所附著土壤中的種子，以及被海洋動物吃進肚子裡的種子（例如，加拉巴哥番茄的種子只有在大海龜的腸子裡待過二、三個星期才會發芽），植物散布到遠方，甚至跨越寬廣海洋的能力，並不需要靠失落大陸來解釋。

達爾文對種子的過度生產與散播現象很感興趣，因為這與他的天擇演化說法相符。就某種意義而言，它們解釋了新種的產生。因為在發源地，只有一小部分的種子可以存活，於是植物產生比所需還多的種子。即使是在一般年度，花旗松有高達百分之六十的種子發育不良；而在荒年裡，不良率提高到百分之八十二。剩下的大都落在不利生長的地點、被火燒毀，或是被昆蟲、小鳥或動物吃掉。然而，有些存活下來的種子，在基因層次上有些微的變異，使它們在原生地不是很合適，但在遠方的環境，或是在不同氣候下的環境，可能更適於生存。當這些帶有新基因組合的種子被風、鳥、獸、冰山、冰川移動或其他方式帶到遠方時，可能發現新環境更適合它們的遺傳特性。起初，它們和親代還是屬於同一物種，但一段時間之後，當它們適應了新環境，它們就變成了近親物種，在血源上和親代顯示清楚的關係（例如，ＤＮＡ股具有類似序列），但在隔離之下，最後異化成不同的物種，和原種交配，不再產生具繁殖力的混種。

老熟林社群

我們這棵樹有二百五十多歲，如今已成了老熟林的一部分。花旗松老熟林和新生林有許多不同點。老熟林由同齡樹和枯立木（矗立的死樹幹，沒有樹皮或枝條，通常中空）所構成。雖然該森林以數百的花旗松為主，下層卻有其他的樹種等著篡位，因而使得林地經年保持陰濕。少數幾處巨木倒下所留下的開闊空間，下層的闊葉樹和灌木（圓葉槭、美莓和越橘）就趕緊利用這難得的陽光。在蕨類所覆蓋的林地中，躺著雜亂的落枝和不同腐爛程度的大樹幹。飛鼠住在枯立木，其排泄物堆滿了中空部分。鳥類王國也變了。當森林五十到一百歲時，可以支援在低樹枝結巢的鳥類，如斯溫氏夜鶇、黑臉黃眉林鶯和黑頭威氏林鶯等，而二百五十歲的森林就成了在樹洞或樹皮底下結巢的北美蚊霸鶲、褐色爬刺鶯、哈德遜山雀和各種鶇科的家。這些鳥都以昆蟲為食，因此，在決定何種昆蟲得以繁衍，何種會受到抑制，牠們扮演重要角色。

我們這棵樹所在的地區，計有一百四十種專吃針葉樹葉的昆蟲；五十一種專吃花旗松，包括黃杉大小蠹、黃杉合毒蛾、膠樅葉蜂、褐線尺蠖、綠斑林尺蛾、冷杉綠偽尺蛾及西部雲杉捲葉蛾。西部雲杉捲葉蛾在此地尚未構成蟲害——直到一九〇九年才首次爆發；而自一九九六年起，吃掉加拿大卑詩省一千六百萬公頃林地（該省林地總面積五千五百萬公頃）的山松甲蟲，則不會直接威脅花旗松。對所有樹，食葉昆蟲既吃葉子也吃嫩芽，而嫩芽原本可以長成針葉、新枝和毬果。在花旗松上，冷杉綠偽尺蛾十月產卵在部分針葉的葉背。當幼蟲於五月下旬出現後，牠們立刻開始大吃針葉，一直吃到八月中化為蛹為止。九月，成蟲出現，交配並產卵，周而復始。一旦被冷杉綠偽尺蛾侵入，如果不加以控制，只消幾年就可以讓一株花旗松成株死亡。幸好，對樹而言，有許多鳥類吃這些昆蟲幼蟲，包括松雀、各種林鶯、鶇、鳾、北美蚊霸鶲、西裸鼻雀、松金翅雀和雪松太平鳥。

樹也從外部資源得到幫助，有些外部資源令人意外。例如弓背蟻，一般認為會破壞樹，但牠們所破壞的大部分是已經倒下且開始腐爛的木材。事實上，有些種類還幫樹吃掉食葉昆蟲的卵、幼蟲和蛹。這相當合理，因為一年當中，螞蟻大多數時候要靠健康的樹。雖然弓背蟻在倒於林地上的腐爛樹幹之軟木上，建立龐大的聚落，但牠們花很多時間在樹冠搜尋食物。除了吃昆蟲之外，牠們還管理蚜蟲養殖場。許多弓背蟻的食物包括「甘蜜」——蚜蟲肛門所分泌的多餘糖分和排泄物。弓背蟻於秋季把蚜蟲卵收集在聚落裡保存過冬。到了春天再把蚜蟲卵搬到樹上使其孵化，然後整個夏天管理並取用其乳汁。牠們甚至還保護豢養的蚜蟲，使其不受掠食者攻擊。中南美洲有一種斜紋弓背蟻發展出更進一步的共生關係；在雨林的樹冠層建立「螞蟻花園」。這是用植物碎屑做成的緊密、中空的球狀體，裡頭填了土壤，卡進樹幹分叉處。在這種巢裡，螞蟻放了牠們愛吃的植物種子——鳳梨科植物、無花果、胡椒，而這些植物則在花園裡發芽、生長。牠們所管理的植物，有些除了花園之外，別處看不到，表示螞蟻必然把這些植物的所有種子收集起來，年年重新耕種。

花旗松林裡的弓背蟻為馬多克弓背蟻，是複雜生態網絡的輻射中心，聯結植物、其他昆蟲、鳥類和哺乳動物。牠們是森林裡主要的土壤製造者，取代了蚯蚓，把大量的土壤移到地表，把木材纖維和落葉化為腐質土，再和礦物質土壤混合，使其通氣並改變排水。牠們參與許多植物的種子散播工作。牠們吃葉蜂和毒蛾幼蟲——據一九九〇年一項研究估計，牠們讓華盛頓州和奧勒岡州森林中的葉蜂蛹減少了百分之八十五。幾乎林地上每一塊腐木都有弓背蟻窩，有些窩裡的工蟻多達一萬隻；因此，弓背蟻在森林總生物量中占了相當大的比率。難怪哈佛大學螞蟻專家威爾森說，雖然人類滅亡會造成少數在我們腋下、鼠蹊或體內生活的生物消失，而其他生物則會大量繁衍，但如果所有的螞蟻都消失了，會導致整個生態崩潰。螞蟻是金翼啄木鳥的主食，而且是灰熊六月中到七月底的營養來源。

由於熊是雜食性，每種東西，從臭菘草和蕁麻到大角羊，牠都吃，牠們的棲地非常廣，北美洲從南到北，從西到東，都曾經是牠們的漫遊範圍。一隻灰熊的家需要很大的區域做為活動範圍，但人類漸漸侵入牠們的棲地。今天，大多數灰熊都在山區活動，但以前平原上也有大量的灰熊，東到北美東岸，南到德州和墨西哥，到處以野牛為食。魁北克和北拉布拉多都曾經發現灰熊骨骸。

灰熊的祖先當然曾經跨越白令陸橋，在上一次冰河期高峰之前，跟著遷徙的馴鹿和野牛群通過；阿拉斯加外海的威爾斯王子島上洞穴裡，曾經發現三萬五千年前的灰熊骨。整個太平洋岸，沿海原住民和歐洲人都以故事來解釋熊或以故事來嚇唬自己：白熊、黑熊、藍熊、棕熊、灰熊。熊大到當牠們爬山時，撥下來的泥土會造成河流改道。熊變成人、熊變成島嶼。從北方來的熊以後腳走路，留下像神祕人的腳印。同時留下爪印和腳趾印的人。一八一一年，湯姆森划著獨木舟從阿薩巴斯卡河順流而下，看到熊腳印，認為那一定是長毛象的腳印，他的原住民嚮導所稱的「薩斯科奇」，被他翻譯成「長毛象」，其實是山區野人的意思。

當花旗松種子靜靜地安置於林地時，我們這棵樹附近，一隻過去三天來一直在磨腐木找弓背蟻吃的母灰熊，突然往上跑，到山上草原那兒大啖藍莓。大型動物很少長期居住在老熟林裡；林地上雜物太多，很難活動，而且又陰又濕，也不適合草食性動物在此覓食。黑尾鹿和北美赤鹿喜歡高處的草原，因此，灰熊也跟著喜歡。然而在夏季期間，大熊大部分以植物為食，深入涼爽的森林中，找尋溪邊的蕨類和毛絨絨的加拿大蓬草來吃。但牠們因為沒有黑尾鹿和北美赤鹿等反芻動物的消化道，無法反覆消化食物，所以一天要吃四十五公斤的植物才能保持健康。對小母熊而言，那幾乎是體重的三分之一。這就是為什麼牠會改吃螞蟻，或是機會出現時，就吃鼠、田鼠和橙腹赤松鼠以補充蛋白質。

當鮭魚開始回到牠們的出生河時，從八月下旬到十一月，這隻母熊就成了漁夫。鮭科魚類（太平洋西北計有九種：紅大麻哈魚、大鱗大麻哈魚、銀大麻哈魚、細鱗大麻哈魚、大麻哈魚，以及山鱒、金鱒、阿帕奇鱒、虹鱒）為溯河迴游性，亦即成魚在海洋中生活，每年回到淡水溪流產卵。

鮭科魚類在北緯四十度以北的沿岸計有九千六百個宗族或血統，各品種加起來數億隻，從太平洋系的一千三百條河川和溪流逆流而上。當鮭魚回到牠們的出生水域時，整個森林社群都大快朵頤。從海灣和河口的海豹和虎鯨開始，到沿途鳥類和哺乳動物所構成的交叉火網，一直到牠們產卵的礫石區，鮭魚和牠們的卵及魚苗餵養了無

鮭魚溪畔的灰熊

數多的其他生物，包括人類。

在我們這棵樹附近溪流產卵的細鱗大麻哈魚特別適應老熟林，濃密的樹冠遮住直射陽光，讓水溫保持冷涼。依賴腐敗植物為生的細菌、真菌和無脊椎動物可以做為鮭魚苗孵化後的食物。水中的倒木和枝條不只造成水流的輕微障礙物，增加水流含氣量，還創造柔軟的砂礫沉積床供其產卵。森林樹木的根抱住土壤，使有礙礫石床清淨的侵蝕作用受到抑制。鮭魚需要森林，當樹林砍光時，鮭魚族群就直線滑落。

沿海花旗松林為溫帶雨林，土壤富礦物質但氮卻很貧瘠，缺乏氮是植物生長的常見限制因子。然而這裡的樹和熱帶雨林一樣，長得又高又粗。氮有幾個來源，大多數來自細菌和植物把空氣中的氮固定於土壤，或是來自長在樹上的地衣。但花旗松林還有很重要一部分的固定氮來自海洋。

來自陸地的氮具有同位素特徵^{14}N。在海洋中，較重的氮形態，^{15}N，則比較常見。卑詩省維多利亞大學生態學家雷姆誠，一直在追蹤鮭魚和氮的海洋同位素之生滅，這二者都從海洋旅行到森林。五種鮭魚（大鱗大麻哈魚、銀大麻哈魚、紅大麻哈魚、大麻哈魚和細鱗大麻哈魚）離開牠們出生的河流後，在海洋生活二到五年，其體內組織經由進食生長，累積^{15}N。回到淡水產卵時，牠們被渡鴉、禿鷹、熊、狼和其他動物，諸如昆蟲和兩棲類所食，然後這些動物再把富含氮素的肥料排放在森林裡的各個地方。熊大部分在夜間進食，牠們是獨居動物，會把魚帶到離河邊二百公尺處獨自享用。熊喜歡吃最好的部位——腦和腹部，然後再回到河邊抓另一條魚。在一季之中，一隻熊會把六百到七百條鮭魚屍體散布於整個森林，並沿路大小便。鳥類和其他動物則把^{15}N散得更遠。雷姆誠發現溪水和河流邊的植物富含^{15}N，並發現樹木每年年輪裡^{15}N的含量和當年鮭魚迴游量具相關性。沿著溪畔和河谷，鮭魚形成一條大動脈，每年供應氮給森林。

甲蟲和蛞蝓吃熊留下來的鮭魚屍體，而寄生蠅、麻蠅和麗蠅則把卵產在腐爛的鮭魚肉上。不出幾天，每具屍體上的殘肉就蓋滿了扭動的蛆。這些幼蟲一旦長大，便掉落在林地上，躲進蛹裡過冬。到了春天，數十億隻飛蠅出現，正好趕上北方候鳥的到來。鳥身上裝滿了含有^{15}N的飛蠅。糞金龜把熊和狼的糞便埋在森林的腐葉堆裡。還有，許多鮭魚產卵之後就死亡，沉入河底，很快就覆上厚厚一層真菌和細菌，然後被水生昆蟲、橈足類動物和無脊椎動物吃掉。當小鮭魚從礫石中出現時，水中充滿了可以吃的生物，這些生物含有來自牠們父母的豐富^{15}N。雷姆誠生動地展示出森林和魚彼此相互需要，以單一的獨立系統，將空氣、海洋甚至於整個半球聯結起來。

樹冠層上的住民

鮭魚迴游的高處是濃密的樹冠層，我們可以稱之為地球的高樓層，螞蟻和一大群生物就占據在此處，這裡有點像盤踞在離林表六十公尺高的仙境。花旗松每年約有三分之一的針葉掉落（可能有二千萬枚），許多掉到地上，但也有不少落在寬廣的高層枝條上，並留在那裡。一段時間之後，這些針葉堆形成相當大的有機墊，厚達三十公分，廣達數百平方公尺，聚集了許多生物，它們和地表生物一樣，忙著把植物屑化為土壤。然而樹冠的雜物堆和林表不一樣，暴露在陽光和雨中。最後，樹冠層裡的腐爛有機墊變成肥沃的土壤，養育整個植物、脊椎動物、真菌和昆蟲所構成的社群，完全獨立於地表之外——成為一個獨特的生態系，一個最近才確認的生態系。

這個美麗新世界的中心是節肢動物門。地上的節肢動物，我們大都把牠們叫作蟲：蜘蛛、蟎、馬陸和昆蟲。昆蟲有三對腳，從每一節都有一對腳的多節動物演化而來。經過數千年，前幾對腳演化成顎和觸角（在黑腹果蠅的突變中，觸角又變回穿出頭部的腳，顯示該物種祖先的樣貌）。節肢動物有數百萬種，最近研究發現，花旗松林樹冠層裡就多達六千種，至少三百種是新種，使其成為亞馬遜雨林以外最大的物種多樣性種源庫。有些物種，如上樹甲蟎屬的微小甲蟎在南、北美洲都未曾發現，只有別種的上樹甲蟎曾經在日本發現。其他地方都未曾發現別種樹蟎。每棵樹都有自己的特有昆蟲社群，這是一群豐富而多樣的野生生物，包括所謂的「同功群」：掠食者、獵物、寄生者、清道夫，甚至於「觀光客」——例如螞蟻，住在地上，只是路過而已。在某些案例中，例如熱帶雨林裡，整個物種就局限在單棵樹上的單一有機墊裡。每當一棵樹倒下，數十種唯一的節肢動物就跟著滅絕。

狼的藏身處

土壤是陸上的海洋。土壤和海洋都是光合作用生物的搖籃，也都以節肢動物為主。海洋中的節肢動物是甲殼類——蟹、蝦、龍蝦，和各種水蚤、虱、沙蚤。在土壤裡，節肢動物的位置填滿了蜘蛛、蟎、甲蟲和彈尾蟲。在樹冠的有機墊裡，蜘蛛是主要的掠食者。有些只有二十公釐長，以絲狀蛋白質建造複雜的網子，捕抓蠅、蛾和同是住在有機墊裡的七十二種蜱蟎。蟎是微小的生物，在森林社群裡的主要功能為分解植物碎屑，使其成為腐質土。彈尾蟲為彈尾綱生物，其族群雖小，也出現在這種土壤中。蟎和彈尾蟲在各種土壤中挖掘自己的通道。在開闊草原上，二立方公分的土壤中通常藏有多達五十隻的蟎和彈尾蟲；而在森林裡，有著厚厚的落葉堆保持溼度並擁有許多開放空間，其數量可能多達二倍。樹冠上的有機墊裡，環境類似開闊地，其密度與草原相當。

蟎有四對腳，屬蛛形綱動物，而彈尾蟲有六對腳和一對觸角，比較像昆蟲而非蜘蛛。勒波克爵士是達爾文的鄰居，有時候是共同研究者，對彈尾蟲的主要運動方式非常著迷，於一八七三年最先描述彈尾蟲：「下腹有一叉狀器官，從尾部附近開始，大多數向前伸到胸部。」受驚嚇時，彈尾蟲會把這有力的器官放開，跳到空中，有時高達十五公分，相當於人類一跳就跳了六個足球場那麼遠。勒波克把彈尾蟲歸為昆蟲，但這只因牠們有六隻腳；他補充說，未來的昆蟲學家一定會認為牠們是其他東西。美國自然學者伊凡斯同意這點，從其跳板運動方式來看，「牠們似乎代表六足動物不同而獨立的實驗」。其下腹分為六區，而非真正昆蟲的十一區，牠們缺少昆蟲綱某些體內特徵。然而，蠑螈才不管牠們是什麼東西；至少在陸地上，蠑螈無論如何都會吃掉牠們。在樹冠層上，彈尾蟲和蟎、蜘蛛會被大型蜘蛛所結的球狀網抓到，或為紅胸鴝所食。

鳥糞、囓齒動物排遺、脫下的蛇皮、昆蟲排泄物、新鮮植物體、加工完成的腐質土、雨和陽光，製造出肥沃的土壤。事實上，這土壤非常肥沃，以至於花旗松從枝條長出「不定根」（由胚根延長或生長而來的根）以吸收養分。在石炭紀時期，當時根莖型的蕨類正要轉變成樹，根從躺在地上的枝條冒出芽來——它們的枝條在地上走，而非向空中伸展。在森林樹冠層，埋在有機墊裡的頂端分生組織發育成根而非枝條。

這些根的作用和地底下的根完全一樣，吸收空中土壤裡的水分和礦物質，並產生支撐固定作用。地下土壤裡的氮是數百年前美國赤楊裡的細菌所固定形成的，而美國赤楊早已消失，當土壤裡的氮漸漸用盡時，這些埋在空中土壤裡的新根適時發揮作用，或許不是出於偶然。

這次，氮來自地衣。在老熟林裡，花旗松枝條上側如果暴露在空氣中，就會覆上一層厚厚的黃綠色地衣（枝條下側的陽光較少，通常長滿了苔類和蘚類）。樹冠層上地衣和樹的關係可以看成地底下菌根菌網絡的空中版；這二種方式的功能都相當類似，組成的物質也差不多一樣。

地衣不是我們所認識的普通植物；它是由兩種植物類生物所構成——真菌和藻類。地衣是一株真菌包住一株藻，兩者共同運作，成為一個個體。因此，它是一種活化石植物，直接聯結到原始海生命開始時的海洋原始光合作用者，把氧氣填入地球大氣中，後來爬上陸地，成為維管束植物。地衣是藻類適應陸上生活的另一條演化路徑；其中約有三十七屬的地衣與十三目的子囊菌，即帶「囊」的真菌，形成共生關係。真菌有根，可以吸水，而藻類則行光合作用，為這種生物的兩個部分提供食物。它們相互結合，成為一個生物，分享彼此的功能和產物。這種共生關係非常成功，因此全世界有將近一萬四千種地衣，生存的棲地非常廣，從南極洲到熱帶地區都有；也適應不同的氣候，從海岸雨林到高山草原；也存在於每一種東西的底部，從卵石、木造建築，到昆蟲背部都有。

地衣是極好的共生教學課程。一種真菌以其菌根包住藻，菌根端緊緊地壓在藻的細胞壁上，以微小的指頭，即吸足，穿入細胞壁。藻經由光合作用產生糖分，真菌取走一部分（通常留下足夠的糖分讓藻細胞維持生命），還把水打進細胞裡。真菌為藻遮蔭，使其不受太強烈陽光的傷害，並強化其光合作用的表面。到目前為止，全都是共生。然而，在某些案例，真菌拿走太多的糖分而導致藻細胞死亡——地衣之所以生存，只因藻細胞的繁殖速度比真菌殺死它們的速度還快。嚴格說，這並不是互惠關係，更精確的說法是「控制性寄生」。

長在花旗松林冠層的地衣多達百分之五十一是奧勒岡肺衣，或稱萵苣地衣，為一種肺衣屬植物——枝幹上部是肺衣，底下是蘚類。我們稱之為肺衣是因它們的組織很像肺的內部，而且經常做為肺結核和氣喘等肺部疾病的藥；普藍地的《自然史》一書，十七世紀的英文譯本中寫道，地衣「對於治療破裂或龜裂有神奇效果」。一公頃的老熟花旗松林可以長出上噸的肺衣，其真菌包裡抓著綠藻和藍綠藻。地衣靠小鉤子附在樹皮上，當水從枝條往主幹流時，地衣就加以攔截，抽出水中的氮，然後把水放掉，任其流到地上。當地衣死亡，就從樹上掉下，落在樹冠有機墊上或地上（落在地上會被鹿吃掉），這兩種方式都會把地衣所積存的氮釋放到土壤裡。地衣取代了美國赤楊，成為有效的氮素固定者；每一公頃林地，地衣每年供應高達四公斤的氮——為其所消耗氮素的百分之八十。於是地衣也就成為花旗松林社群生物鏈裡的重要一環。

現在，我們這棵樹高達八十公尺。第一分枝長在四十公尺處；基部厚度為四十公分，在成熟的森林裡散布成寬廣的錐狀樹冠，它已是一棵樹齡近三百年的老樹了。這裡一直歷經乾旱與洪水，飽受大量昆蟲侵襲，也承受過暴風雨的震撼。冬季愈來愈冷。其樹冠有機墊承受數以噸計的濕雪，對枝幹所造成的壓力似乎逐年增加。根部在極為濕冷的狀態下過冬。一、兩支枝條已經斷落，樹幹上所留下來的樹洞開始軟化，成為真菌和昆蟲入侵的通道。我們已經知道，樹實際上無法驅趕這些侵襲，只能隔離受害部位，重新調整養分通路，並封鎖入口。一旦發生入侵事件，它能暫時加以控制，但卻無法復原。我們這棵樹現在已經懷著邁向死亡的種子。

第五章　死亡

這棵孤零零的樹！——是活生生的生命
不易衰老
造型和外觀是如此壯麗
而難以摧毀

——華茲華斯《紫杉樹》，一八〇三

到目前為止，樹躋身地球上最長壽的生物之列。有些針葉樹，如海岸邊的北美紅杉和較南端的北美巨杉，可以活到三千歲——一八八〇年，繆爾聲稱在一個巨大的北美巨杉樹墩上數到四千道年輪。北美最老的樹是一株芒果松，位於加州印宇國家公園，可能有四千六百歲，大家以《舊約》中長壽的六世祖之名瑪土撒拉稱之；一九五八年，一名來自亞利桑那大學的生物學家在同一個公園裡發現十七株四千歲以上的樹。墨西哥查普特佩克的一株扁柏被認為超過六千歲。日本屋久島上有一棵柳杉經碳十四判定為七千二百歲。熱帶樹沒有年輪，較難測定年紀，但加那利群島上有一株龍血樹，一般相信，超過一萬歲，而澳洲有些蘇鐵（同為裸子植物）被認為有一萬四千歲，而且還活著，雖然某些專家宣稱這過度誇大。

既然樹是如此長壽，我們這棵才五百五十歲就老態龍鍾，似乎有點慚愧。但它的生存環境和那些長壽的同儕比起來，比較沒那麼優渥，活在濕冷的氣候裡，需要耗費大量的能量。由於樹圍、樹冠以及枝條的長度和高度每年不斷增加，樹每年的生長量也就必須逐年增加。在植物學中，這個現象稱為紅皇后症候群；樹必須愈跑愈快，才能保持不退步。新芽需要水分供應，其位置一年比一年遠。春季的生長量逐年增加，而新生部位成為昆蟲侵襲的標的，於是在冬季之前須醫治的傷口也就隨之逐年增加，否則將成為鳥、蟻和腐木性真菌的入口。如果沒有這些侵擾，樹可以永遠活下去，但在森林裡，不可能避開這些問題。

除了昆蟲侵襲之外，就目前所知，花旗松還受到其他三十一種植物攻擊的影響。這些大都為真菌疾病，如幹褐腐病或花旗松落葉病。這些疾病不可掉以輕心。和菌根性真菌一樣，病原性真菌通常特化為專攻某一物種，而在極端的環境下，可以把該物種的每一個體都消滅掉。美國榆以前是北美都市景觀的代表，被一種甲蟲所攜來的真菌攻擊而一病不起。曾經是東部落葉林裡最受歡迎、最華麗的樹種美洲栗，則是另一個具代表性的例子。該樹的分布範圍從緬因州到阿拉巴馬州，樹幹直徑達四公尺，高達四十公尺。其果可食，裹著褐色、像蘇聯人造衛星似的毛刺，秋季落果，冬季供人撿拾。「我喜歡撿栗子，」梭羅在一八五二年十二月的日記裡寫道，「只是為了感受大自然送給我的豐厚盛禮。」東部人以烤栗子做為冬天固定的主食：「整個紐約都在撿栗子，」梭羅補充道，「栗子不只是拿來餵松鼠，還是車夫和報僮的食物。」然而，該世紀結束時，自亞洲進口庭園栗樹苗；這些樹苗帶有栗疫病真菌，會造成幹腐。這種真菌對本土的栗樹具有毀滅力；不到五十年，幾乎連一棵美洲栗都看不到了。

在西岸這邊，造成根腐病的真菌有許多種；例如，威芮木層孔菌會造成薄層根腐病，對花旗松為害特別大，雖然也會感染巨冷杉、太平洋銀杉、亞高山冷杉和高山鐵杉等。這種真菌經由樹木根部傳染，從已感染的樹，透過樹與樹根部稼接處，傳給另一棵樹（而非菌根合作方式）。病原接種源會侵入樹的活形成層，往上傳布，離地不超過一公尺，但感染後的初期病徵卻一直蔓延至樹冠，整棵樹顯得發育不良而偏黃。感染後一年內，毬果開始發生不熟就落果的現象，表示該樹的繁殖年已經結束。

當入侵者長滿之後，樹幹低處的樹皮似乎永遠潮濕、暗淡、呈水浸狀，好像這棵樹得不到溫暖和乾燥似地，其實這棵樹的確無法得到溫暖和乾燥，因為真菌已經把它木質部和韌皮部的通道塞住，阻止食物和水分的運送。腐爛處漸漸擴大，一旦滲入根部，樹的木材就會變成樹漿，而樹幹低處的年輪則會開始變成一片片的，相互剝離，宛如圓弧狀的頁岩一樣。沒多久這棵樹就會死亡，但還會當個枯木矗立好幾年。枯立木沒有葉子，成為鳥類的理想棲所，可以觀察四周是否有獵物或掠食者出現。一旦感染，一棵千年老樹只要二到三年就會死亡。樹失去強壯的根以抓住地面，強風一吹便應聲而倒。

多年異擔子菌會造成多年根基腐病，這種真菌的孢子常年在空中飄，能夠經由樹木根部和莖部的傷口入侵——枝條掉落後的傷口、鄰樹倒下所擦撞的傷口、啄木鳥啄出來的傷口。這種真菌一旦入侵，就會慢慢地把樹木的心材腐蝕為白色纖維，裹著像貝殼捲似的海綿狀物體。最後樹幹就被掏空了，根部的養分供應路線被入侵者截斷；根部死亡；樹倒。

這棵樹的枝幹可能已經感染花旗松落葉病，由花旗松落葉菌所造成，起初只是該樹春天新葉葉背底下的微小黃斑。當年不會發病，但冬季時，隨著真菌孢子把菌絲探入氣孔並偷吸針葉的冬天汁液，黃斑轉為暗赭色。很快地，除了最新的葉子之外，全都掉落，而新葉上同樣帶著不祥的黃斑。到夏末之前，這批新葉同樣會自動脫落。一旦感染，樹就死定了。

對觀察人員來說，花旗杉寄生的症狀最明顯，這種杉寄生只長在花旗松上，是一種綠寄生植物。世所周知的綠寄生植物約有一千種，根據歐洲傳統，有些人耶誕節時喜歡在其下方接吻。鳥類很喜歡槲寄生的漿果，從而以排泄物為其散播種子（槲寄生的英文「mistletoe」來自德文「mist」，糞便，和古英文「tan」，細枝；即一隻鳥將糞便拉在小樹上，一、兩年之後，就可以在下面接吻了）。東部的變種黃葉槲寄生，生長於新英格蘭南部的密枝上，橫跨長度達一公尺；倭槲寄生一如其名，很少大於二或三公分。它是完全寄生型，無葉綠素。雌雄異株；春天時，雄株會從長著雌株的樹上發芽。到了秋季，雌株長出帶有種子的深褐色或紫色莓子，成熟時，靠著隱藏式彈簧，把果子彈到十五公尺遠的鄰樹上。種子包在黏漿裡，可以黏在寄主的樹皮上，一旦發芽，就把吸根，也就是吸收養分的枝條，滲進寄主濕潤的韌皮層裡，開始吸食。吸根從寄主吸取大量的水分和養分，脹得非常大，導致樹木受害部位變形、擴大。一旦被毒株侵入，就會形成一環細芽條（雄株），使得樹木更加衰弱；如果幼樹被暴風雨折斷的話，通常會從槲寄生向上長芽條處折斷。有時候我們稱此景象為帚柄，因為剩下的部分就像一把掃帚的柄插在地上。

青草人

花旗杉寄生和花旗松、道氏翠菊、道氏龍膽、道氏卜若地（又稱為紫燈草）、道氏蕎麥及道氏蔥一樣，都是一八二五年大衛・道格拉斯第一次到太平洋岸進行植物探勘時所採集的物種。太平洋岸的原住民稱他為「青草人」。當地人雖然一開始認為他很可疑，但後來知道他不會傷害人，就隨他去了。他眼力很差，經常跪在森林的空地上，對著空無一物的東西興奮地大喊大叫。他一七九九年生於蘇格蘭的柏斯，年輕時曾經到丹佛林附近的布里斯坦爵士那兒擔任園丁，那裡通稱法夫王國，當地依然熱中於觀賞用草，到了一八二〇年，他到格拉斯哥皇家植物園當胡克的學徒。三年後他以採集員的身分加入倫敦園藝協會，並三次奉派到北美來。這次是他的第二次行程，在茫茫大海中昏天暗地地航行了十八個月之後，他下船進入哥倫比亞河河口。「真的，」他在日記中寫道，「這是我這一生當中最快樂的時刻。」

如今要進入這廣大的森林，他發現，他根本就沒準備。他記下他所發現的糖松，這是全世界最大的樹之一。一株倒下的標本高達七十五公尺，基部周長為十七公尺。

離地四十一公尺處，樹圍的周長還有五公尺。為了保存活毬果，他相中一株矗立著的活標本。「由於我爬不上去，也沒辦法砍倒這棵樹，只好開槍將它們射下，我的槍聲引來八名印第安人，各個都以紅土紋身，帶著弓、箭、骨矛和石刀。」道格拉斯冷靜地向他們解釋他要找的是什麼，沒多久，這八個人就幫他採集毬果。

他碰到花旗松的過程沒有那麼戲劇性，但同樣令人難忘。「樹高得出奇，」他寫道，「非常筆直，具鐵杉屬所特有的錐狀樹型。這種樹群聚或獨自散布在乾爽高地薄薄的石礫土壤或岩石上，樹上懸著寬廣的枝條，將土地厚厚地蓋住，在這樣的地方，這樹是如此巨大，而習性又如此一致，它們是自然界最令人驚豔、真正優雅的物體。」森林裡的樹長得更高，但爬不上去，因為它們最低一層的枝條位於四十二公尺高處。他量了一棵倒下的標本：「全長二百二十七英尺（六十九公尺）；離地一公尺高處的樹身周長為十四．六公尺；離地一百五十九英尺（四十八公尺）高處樹身的周長為七．五英尺（二．二三公尺）。」哈得遜灣公司一棟大樓後面就有一株枯木，離地一公尺處的周長為十四．六公尺，沒有樹皮。「這棵樹被燒掉，」他觀察道，「以騰出空間給有用的蔬菜——馬鈴薯。」

一八三〇年到一八三三年是他第三次也是最後一次旅行，基地設於溫哥華堡（現在華盛頓州的溫哥華）。這次，他的眼力惡化得相當嚴重。他請人帶植物給他，自己也會帶一些，大都以獨木舟沿著鋸齒狀的海岸運送。二年後，他決定經由西伯利亞回英國，由一名嚮導帶領，帶著所有的標本和筆記，以獨木舟沿著內海航道往北走。他們一直推進到佛雷澤河，但他的獨木舟在此地翻船，遺失了四百份標本，他還差點喪命。回到溫哥華堡後，他決定走安全的路線回家：取道夏威夷。他在夏威夷待了十個月，本來還可以待得更久，但一八三四年七月十二日，他在採集植物途中，跌落動物陷阱，被一隻發狂的野豬用獠牙刺死。他才三十五歲。當時科學界所認識的九萬二千種植物，由道格拉斯發現並採集的就有七千種。

枯立木與斑點梟

樹在結子高峰的次年是歉年，因為已經精疲力竭。其所儲存的碳水化合物大都被種子帶走，在一個菌根社群裡，如果有二到三株樹在同一年大量結子，整個社群就會被消耗殆盡。春天，新針葉尚未長出之前，澱粉儲存室就已經空了。而當年夏季乾旱，加上過熱，水蒸汽大量蒸發，陽光過強不適合行光合作用——這種情況與近年全球暖化造成的影響頗為相似——讓新針葉生長不良、新芽成長緩慢、生長素短少所造成的問題更形惡化。接著冬季所帶來的低溫期，攝氏零下十度延長了一到數個星期，樹可能會弱到撐不過去。樹並不是被哪個敵人殺死的，但很少有樹能夠抵抗連續幾年各種同時發生的一連串壓力。

那是一八六七年，這一年，墨西哥皇帝麥斯米蘭遇刺；俄羅斯以七百萬美元把阿拉斯加賣給美國；馬克思出版《資本論》；紅衫軍在加里波第的領導下二度進軍羅馬失敗；加拿大自治領依據「英屬北美法」成立。儘管我們的樹有化學兵工廠防護，但當針葉在春季裡現出警告性的橘色時，並不令人意外。殺病原體最有效的化學藥劑為開花植物所生產，開花植物就是被子植物，於根腐性真菌和食葉昆蟲在演化舞台上出現之後，才演化出來，並大量繁衍。演化的過程是，裸子植物先出現，接著出現吃裸子植物的昆蟲和真菌，然後再出現被子植物，它們在競爭上遠勝於裸子植物，因為它們會產生次級代謝物，既能吸引也能驅逐昆蟲和真菌——它們主動控制敵人，而不是靠敵人手下留情。數個壓力同時出現的不幸巧合，造成我們這棵樹的免疫系統弱化，讓昆蟲和真菌病原體得以越過邊界的安全關卡，蔓延到首都。我們這棵樹已經簽下了自己的「南京條約」。沒有樹可以安享天年，更沒有樹能長生不死。

氮是限制樹木成長的主要因素；死亡來自長期缺氮。氮也是昆蟲想要而真菌擁有的東西。因此，當樹遭受昆蟲或真菌或二者的攻擊時，第一個本能就是保護氮。當一枚針葉轉為橘色時，樹會放棄救這枚針葉，而去救葉子裡的氮，把氮送到其他尚未感染的部位。我們承認這於事無補，但樹裡面只要還有活細胞，就會繼續掙扎。

在某種程度上，試圖拯救一枚針葉是對能量做不必要的消耗。老針葉會掉落，而長出的新針葉卻更少。昆蟲幼蟲啃食新芽；真菌散布到心材裡，並傳到根部。我們這

枯立木上的白頭海雕

棵樹在真菌把通道堵塞之前所做的最後一件事，就是將其僅存的次級代謝物，其化學兵工廠，送到根部，透過菌根菌，傳到鄰樹的根部裡，這些鄰樹有些應該就是它自己的後代。在這場令人鼻酸的戲劇中，我們的樹即將死亡，卻把剩下所有的化學武器蒐集起來，送給社群，使未來的基因有些許改善，對造成自己死亡的入侵者，有更佳的防衛機會。

死亡是樹木生命循環的一部分。樹木的生長，會把活形成層轉成死亡的心材。許多生物也展現類似的死亡／存活循環；例如人類胚胎生長中的肢芽，依照生長計畫，某些特定細胞會死亡以形成凹口，最後成為指頭中間的空隙，而蝌蚪尾巴的細胞則在死亡後被吸入變形中的軀體裡。我們這棵樹的生存策略是以次級代謝物填滿心材中的細孔，以防止腐爛，但這種戰術不是永遠有效；昆蟲甚至真菌的演化比樹還快，建立許多突破這種化學防線的方法。細胞壁被突破，系統耗竭，一環又一環地被真菌侵入而轉紅，成為一層濕樹漿。樹即使處於最活躍的階段，也只有大約百分之十的部分是活的。死亡就是這個比率逐漸下降。

然而，樹即使死了，生命卻還沒結束。樹沒有明確的死亡時刻，動物則有：嚥下最後一口氣時，或是心跳停止、腦部缺氧時。即使樹已經停止所有的新陳代謝活動，它還是不會倒，以枯立木的方式矗立著。其中心，有的部位成為海綿狀，有的部位則空了，但周邊還有不少良木。只要樹幹直徑中有百分之十的木頭是好的，活樹就可以保持立姿；一株直徑為三．五公尺的空心樹，幹壁只要有十五公分厚，就能筆直地站著。枯立木所需要的健康木材更少，因為它沒有枝葉，不會受風。在暴風雨中，枯立木就像一艘把帆收捲起來的船。因此，枯立木提供安全的天堂給許多鳥類、昆蟲和動物。北美黑啄木鳥在樹幹上啄出龐大的橢圓形洞穴；我們並不清楚究竟牠挖洞是為了找螞蟻吃，還是知道在枯木上挖個洞，遲早會招來螞蟻。有些洞被築巢的茶腹鳾占用。有的則被飛鼠當成進入樹內中空部位的入口，這解釋了為什麼庫柏士鷹和北美斑點梟要棲身在枯立木的殘枝上：尋找牠們的下一餐。

北美斑點梟體型中等，雄梟平均體長四十八公分，雌梟則為四十二公分。上身為巧克力棕色，下部為白色，頭部、頸部和翅膀上有白色斑點；喉部、腹部和尾部下面有棕色條紋。牠們眼睛的邊緣有一圈暗色的框，看起來好像多年沒睡飽似地。牠們不遷徙，全天候住在老熟林裡，夏季和冬季的主食不同。吾人已知牠們會獵食三十種哺乳動物和二十三種鳥類，還吃蛇、蟋蟀、甲蟲和蛾。在夏季裡，從黃昏後到天亮前半小時左右，牠們棲身於枯立木上，抓飛下來挖松露吃的飛鼠；在冬季裡，牠們會飛下來抓在雪地上探險的兔子，以及經常出沒於主枝和樹冠層裡的小型囓齒類。牠們常常把獵物的頭咬斷後儲存在樹洞中——腦部是養分濃縮球。

北美斑點梟除了棲息並儲存獵物在枯立木上之外，還在上面築巢，並搜尋枯立木裡的穴居獵物。結果，北美斑點梟幾乎要完全依賴老熟的針葉林；牠們有百分之九十五的巢建在二百年以上的樹林裡，其餘百分之五則建在老熟林旁邊的次生林。牠們的地盤很大——在北方的森林裡，獵物較不豐富，每對斑點梟的地盤廣達三千二百公頃。牠們把巢築在雷擊過的中空樹幹，或是毀損的枯立木，有時候則在飛鼠不再使用的啄木鳥洞；牠們殺死飛鼠並占用其巢穴。牠們也會利用蒼鷹棄置的巢，或是自己在倭槲寄生樹叢上築巢，但這種巢的結構不良。

北美斑點梟每年都會回到同一個巢，直到巢壞了才另覓新巢。雌梟於四月初產下二到三顆蛋，每顆蛋相隔三天，並負責所有的孵育工作，而雄梟則負責覓食——渡鴉會來偷蛋，蒼鷹也會來吃雛鳥。除了寄生蟲之外，斑點梟沒有天敵。據悉，有些斑點梟會把活蛇帶到巢裡吃寄生蟲，並嚇阻渡鴉和蒼鷹。雛鳥六周後羽毛長成，到了十月就準備離巢尋找牠們自己的領域，通常離母巢二百公里，這就是為什麼濃密且連綿的大片老熟林對牠們的生存如此重要的原因。牠們很少在開闊地或火燒後的區域覓食，只有找不到牠們所習慣的棲地時，才不得不經常往新生林裡跑。在冬季裡，許多當年生的雛梟因缺乏食物而餓死。

斑點梟是由匈牙利移民德韋謝伊在一八六〇年所描述並命名，德韋謝伊於一八五〇年加入美國陸軍，駐守在南加州的聖盧卡斯角，該部隊奉命到美國西部探勘並繪製地圖。德韋謝伊擔任潮汐觀察員，同時為成立於一八五六年的史密森學會採集標本。當時斑點梟的分布範圍很廣，向南延伸到墨西哥。德韋謝伊發現這種鳥非常溫馴；他在報告中寫道，他可以走近一隻斑點梟，而不會把牠嚇跑，這是不祥的特點，因為這

叼著飛鼠的斑點梟

種行為就是絕種的多多鳥和大海雀的性格。在他向全世界介紹第一隻斑點梟之前，滅絕該物種的力量已經侵入森林。

到了一九七〇年代中期，由於棲地喪失，原先在裡頭生活的北美斑點梟幾乎全面滅絕——大部分來自伐木，但自然因素也扮演相當重要的角色。一八八八年的一場大火把一萬公頃的老熟林破壞殆盡。一九八〇年聖海倫火山爆發，又將另一萬公頃夷為平地；一九八七年的一場世紀大火把四萬公頃的斑點梟主要棲地摧毀。當時，美國野生動物學家估計其數量僅有數百隻（現在加拿大只剩十四繁殖對，全都在卑詩省），並促請負責木材市場保有穩定林木供應來源的美國林務署，在已知的斑點梟棲地附近，畫定老熟林保護區。有些保護區在工業界的反對聲浪當中建立起來，但還不夠：保護區還不到總林業用地的百分之四，更不到斑點梟生存所需面積的一半。

人類的需求，經由工業科技強化擴大，與其他物種格格不入。即便斑點梟的數量在卑詩省已大幅減少，老熟林裡，伐木依舊持續進行，而這裡正是最後幾隻斑點梟居住的地方。舉例來說，在一塊鄰近奇利瓦克省立公園（Chilliwack Provincial Park）、特別規劃為斑點梟棲地的大片區域中，超過五千公頃的花旗松老熟林被「踢出保護名單」，砍伐速度也順勢加快。目前的預測顯示，在本世紀結束之前，斑點梟早就絕種。由於斑點梟是指標物種，當牠們消失了，我們將會知道，養育牠們也養育其他物種的老熟林，其實，也已經消失了。

大樹

這件事從一場馬戲團活動開始。一八五四年，一名前金礦工人蓋爾，把一棵巨大的北美巨杉樹皮剝下，高達三十公尺，以一塊塊的方式寄給巴南，再由巴南釘回原形，作為「戲王之王」馬戲節目的一部分。東部人很少相信大自然存在這麼大的樹——其基部周長為二十七公尺；相當於當時的金剛。世人對於英國水晶宮的另一場類似展覽，也持同樣的懷疑心態，這是從舊金山東部北卡拉韋拉斯園中一棵還活著的樹，硬生生地剝下樹皮。根據史學家夏瑪的看法，當時這些巨樹被視為怪物，「植物怪物展，」他在《景象與記憶》中寫道。

在加州，活巨樹吸引了比較正面的關注。一群群的觀光客，他們稱之為朝聖者，被載到卡拉韋拉斯園來觀賞那裡所發現的大樹；許多大樹被砍掉，不只是為了提供大量的木材（五人一組的伐木工人要花三星期才能砍倒一棵樹），還因為它們的屍體可以充作某種自然遊樂園。「他們在刨平的樹幹上，建了一座雙球道保齡球場（還有完整的保護蓋）。」夏瑪寫道：「而一株砍伐後的北美巨杉樹頭，則做成舞池。」一八五五年七月四日美國國慶，三十二人在一株樹頭上跳四組的科蒂榮方塊舞。

大樹成了一部本國史、一種象徵，夏瑪寫道：「兼具實質國力和精神救贖。」當時的美國正在形成大陸意識，這種意識認為國家不只是從東岸到西岸而已，還從未來回溯到創世紀。樹把現在和人類所能想像的過去，聯結起來。葛雷利年輕時就跑到西部，當時還說動不少年輕人追隨他，他對大樹的無盡歲月感到神奇不已，寫道，它們來自「大衛在約櫃前跳舞、忒修斯統治雅典、埃涅阿斯從燒毀的特洛伊城逃出」的年代。其他人觀察到，即使是比較年輕的樹，也是從《聖經》時代就開始生長；事實上，它們與基督同時代。「此地源遠流長！」一名《波士頓廣告日報》西部特派記者於一八六九年如此描述某棵樹：「他來自耶穌基督的年代；也許就在天使看到位於東方的伯利恆之星那一刻，這顆種子就從溫柔的草皮中冒出，長到九重天際。」

這些樹具有讓美國夢活力再現的強烈效果，因此，林肯在危及美國夢最厲害的南北戰爭當中，於一八六四年簽下法令，把優勝美地畫定為美國第一座國家公園，主要是因繆爾四處奔走推動，繆爾稱北美巨杉園為「聖善中的聖善」。這項法案不只保住了龐大的老熟林，還特別要求這些地區應該受到保護，不得砍伐。

在更遠的北方，也就是我們這棵樹（現在是枯立木）所矗立的地方，來自經濟的誘惑大於宗教上的因素：花旗松沒有北美巨杉那麼壯觀，因而比較容易砍伐，而且材質也比較好。一八四七年，英國做了一項測試，發現用花旗松做成的船樑優於白松和波羅的海雲杉；在此之前，英國海軍一直用這兩種木材做船樑。英國海軍軍部立刻宣布，每條十九公尺長，直徑五十公分的花旗松樑木，願意出四十五英鎊購買；二十二．五公尺長，直徑五十八公分者，願出一百英鎊，這使得花旗松買賣比鴉片更好賺。

布拉奇船長從英格蘭出發，航入瓊達福卡海峽，停靠在新鄧傑內斯，命令船員砍下價值三千英鎊的樑木，不幸這些樹砍自美國土地而非加拿大。當布拉奇連船帶貨被美國海關扣押時，他轉而到溫哥華島雇用原住民工人，又砍了一百零七支新樑。然而，他的船沒了，必須把貨留在原地。布拉奇在溫哥華島上擔任港務長的工作，到一八五九年過世時，愈來愈多的企業家已然充分了解花旗松的木材價值。其後十年，約一百五十萬立方公尺的原木，以及木瓦、木板、木樁和三千五百支樑木，從維多利亞運到英國、澳洲和拉丁美洲。一八八七年五月二十三日，加拿大太平洋鐵路局火車把第一批乘客拉進溫哥華這座繁華的鋸木城市，這些乘客發現街道以常綠樹枝幹做成大型的拱門，宛如耶誕節即將來臨，也許，他們是在安撫樹神吧。當時城裡開了六十二家鋸木廠；火車載著木材來回蒙特婁一趟要一百三十七小時。

單一生命

俄羅斯地理學家莫洛左夫首先提出森林為「樹的社群」之想法，雖然西方世界幾乎都不認識他，但他卻是建立現代生態學的靈魂人物。莫洛左夫一八六七年生於聖彼得堡。他在服役期間被派到拉脫維亞，遇到了年輕革命家桑朵克，並墜入愛河，桑朵克鼓勵他致力於農業科學，以便運用知識造福人民。莫洛左夫選擇森林學，與桑朵克一起回到聖彼得堡讀大學，除了研讀森林學之外，還有動物學及解剖學；他對生物和生物間的關係形式及功能很感興趣。身為忠誠的達爾文主義者，他逐漸了解，自然是相互關係的複雜網絡，而植物物種之演化則是整體影響因素運作的結果，這些因素包括土壤形、氣候、昆蟲、植物社群和人類活動。

一八九六年，莫洛左夫在德國和瑞士修習森林管理學之後，回到俄羅斯擔任聖彼得堡大學的森林學教授，一直任教到一九一七年。他的授課內容及論文把森林管理學建立成正式的植物學子科目。他在一九一三年出版的《森林乃是植物社會》中寫道，森林是「一個獨立複雜的生命，其內部原件相互之間，以固定的方式聯結在一起，和所有的生物一樣，可以用明確的穩定性辨識」。如果穩定性改變，或被人類或氣候變化摧毀（一八九一年，他親眼見到大旱災對沃羅涅日地區松林所造成的衝擊），森林會受傷，而在某些案例中，無法復原——而且受到傷害的不只是森林，還有森林社群的組成分子，包括人類。莫洛左夫相信，「森林不只是單純的樹木集合，而是一個社會，一個樹的社群，樹與樹之間相互影響，從而產生一整套的新現象，這些現象並非樹木本身的特性。」植物不只要適應新的氣候和土壤條件，他指出，還要彼此適應，以及適應周遭特定的動物、昆蟲、鳥類和細菌。森林是一座達到複雜微妙平衡的紙牌屋，抽掉其中任何一張紙牌，我們頭頂上的整座結構就會倒塌。

一九一八年，莫洛左夫患了嚴重的神經錯亂症（也許是對一九一七年的十月革命缺乏熱忱的委婉說詞），被迫從職位上退休，搬到氣候溫和的克里米亞，在此處，他觀察到俄羅斯森林遭到快速而愚昧的破壞。兩年後他就死了，享年五十三歲。

在斑點梟問題激起強烈爭辯時，莫洛左夫的訊息——我們無法從森林社群中抽離任何一種生物而不影響包含人類在內的其他所有成員，並沒有傳到西海岸木材大亨的耳朵裡。如今，花旗松已是北美最重要的木材樹種；每年所砍伐、輸出的木材達數十億板英尺。斑點梟只不過是受伐木影響的一個物種。身為森林管理人，莫洛左夫了解這種惡性循環：可能的情境是，移除老熟林木會造成斑點梟滅絕，表示飛鼠可能增加，造成飛鼠的主食松露短缺，於是新樹所能形成的菌根量銳減，結果，森林裡的樹木就會不健康而缺乏經濟效益。因此，斑點梟是森林健康的象徵；傷害斑點梟就是傷害整個系統。華盛頓野生動物委員會早期召開了一個聽證會，以決定是否將斑點梟定為瀕絕物種，在這個會議上，一名全國步槍協會的成員表示：「這不是斑點梟的問題，這是老熟林的問題。」他只說對了一半：森林生態並不是非A即B的命題；這既是斑點梟的問題，也是老熟林的問題。而且，這既是人類的問題，也是地球的問題。

誠如生物學家威爾森的觀察：「過去半個世紀期間，森林的消逝，是地球史上最深遠的環境變化。」自人類發明石器以來，森林就持續消逝。二千年前，幾乎所有的陸地都是森林。古羅馬軍團砍伐法國南部的森林，以防止凱爾特敵軍躲進森林偷襲。到了一七五〇年，法國只有百分之三十七的陸地是森林；九十年中，摧毀了二千五百萬公頃的森林。一八六〇年，森林消逝了三千三百萬公頃，摧毀的速度加快，每年消失四萬二千公頃。英國更是被砍伐成不毛之地。當道格拉斯在花旗松林裡目瞪口呆地閒逛時，不列顛群島的森林面積不到百分之五——平均每人的林地少於四十平方公尺；英國唯一的能源就是豐富的煤礦，這是古代蕨類林的遺物。相較之下，當時的挪威擁有百分之六十六的林地，平均每個國民有十公頃。英國不輸克里米亞，已經把所有的樹都砍光了，正在栽種來自北美的花旗松苗，以恢復消逝的林業。

從此之後，全世界都在伐木，而且近數十年來呈指數上升。根據聯合國資料，自一九八〇年以來（當時正發出斑點梟的警訊），全世界的森林每年減少百分之一。如今，北美西部的溫帶花旗松林正以每年百分之七．二的速度迅速減少，比原始未開發前減少了百分之二十以上，而剩下的花旗松林，大部分生長在孤立隔離的老熟林小區域中，威爾森稱之為「棲島」。其間沒有野生動物走廊連接，而且，正如斑點梟的處境所顯示，裡面的生物多樣性已經逐漸下降。威爾森提醒大家，一個生態系統喪失了百分之九十的面積時，仍然可以保有半數的生物多樣性——對一個未經訓練而懷有偏見的觀察者而言，這一切似乎都沒問題。然而，喪失面積一旦超過百分之九十以上，「剩下的那一半可能會一筆勾銷。」而這個關鍵門檻很容易就被跨越。「在恐怖的情境中，」威爾森寫道，「配有挖土機和電鋸的伐木大隊，可以在幾個月中，讓這些棲地從地球表面消失。」

我們對林業公司要公平，老熟花旗松林似乎也會自我毀滅。這並不是森林的結束，而是社群轉型。所有的高地花旗松林最後都會因長得太大而無法生存，或是被昆蟲或真菌殺死，而把位置讓給在底層耐心等候的樹種，西部鐵杉和美國側柏將取而代之，成為極盛相（climax，植群演替系統的最後或達到安定發展的階段）森林。以這樣的方式看待森林，也許有人會問，為什麼不能讓伐木工人趁這些樹還有點價值時，先將其砍下，以協助此自然過程？按照這個邏輯進一步推論，老樹可以用改良過的新花旗松苗代替，這些經過基因調整的樹苗，惱人的木質素較少、長得更快，而且可以抵抗一大堆病蟲害，還能抵擋全球暖化引發的乾旱。至少，這是生技學家和森林業者所描繪的景象。

在自然棲地中，當一隻斑點梟的領域變成了鐵杉－側柏的極盛相森林時，牠可以另外再找一個老熟花旗松地點。然而，如果棲島附近的樹都被砍光了，牠便無路可去。種一堆大樹並不等於一座老熟林。天然的極盛相森林裡擁有各種年齡的樹木，從樹苗到枯立木，包括林表上的斷枝和落葉堆，可以支援鮭魚族群和所有的鮭魚掠食者。再造林則是單一樹種林場，和生物多樣性相反。誠如美國森林學會在一九八四年所認可的一項研究：「沒有證據顯示，老熟林條件可以用造林方式產生。事實上，這個問題基本上毫無意義，因為必須花二百年以上的時間才能找到答案。」斑點梟可等不了二百年。

鬼行者

枯立木已經成為美洲獅最喜愛的休息場所。這是隻上了年紀的公獅；白天大都在枯立木基部打盹，下午獵食，晚上則溜到泉水邊悄悄地喝水。由於老熟林的特性，這裡的大型掠食性哺乳動物並不多。黑熊和灰熊極少，且彼此相隔甚遠——一隻成年的公灰熊，棲息領域超過一千五百平方公里。早期的屯墾者和先前的薩利什人一樣，住在離海較近的地區，位於山海交界處，靠海也靠陸地維生。然而，當他們的屯墾區擴大，男人有了女人和小孩，美洲獅就開始下山，抓走屯墾家庭帶來的貓、狗。突然間，就像史詩《貝奧武夫》裡的怪獸一樣，大家幾乎都未曾見過的厲害掠食者，成了夜間的不速之客。

美洲獅是大型的貓科動物，雄性連尾部可以長到二．七公尺。成年公獅的平均重量在八十公斤左右，但美國的羅斯福總統射過一隻一百公斤重的，紀錄上最大的是一九一七年於亞利桑那州所射殺的那隻，重達一百二十五公斤。牠們是夜行動物，不冬眠，在森林裡會從樹上跳下來抓獵物。其他的名稱計有：山獅、彪馬（印加語）、豹（南方）和山貓（東部）。牠們在低處的樹枝上等候，不論是鹿、麋或人類，從下面經過時，牠們就一撲而下，以犬齒咬入獵物的第四和第五節頸椎，使其立即斃命。如果在開闊地，牠們會偷偷從獵物的後面接近，然後出其不意地猛烈衝刺，以肩部撞擊

美洲獅和連根拔起的樹木

獵物，將之撲倒在地。在交配期裡（可能是一年當中的任何日子），牠們夜間會發出高音的吼聲，聽起來就像是一個喝了慢性毒藥快要死掉的女人。牠們讓森林的黑夜充滿了難以想像的恐怖。一度以獵殺美洲獅為生的加拿大自然作家羅倫斯稱這種動物為「鬼行者」。他把美洲獅形容為高度進化的獵人，「牠們通常肅靜而謹慎，但是在求愛或發怒時則會發出恐怖的叫聲，變得極為嘈雜。」當牠在森林中行走時，「只有輕聲低語，溫柔優雅，比任何北美洲的掠食動物都更機警。」

母獅通常在春季裡產下三到四隻幼獅，但有時則會晚到八月才生產，其中兩隻幼獅可以活到成年，跟著母獅整整兩年，學習狩獵。牠們長到第三年才開始交配；公獅和母獅共同生活一個星期左右，直到完成交配，然後就分道揚鑣，各自建立地盤，地盤廣達八百平方公里，其地點和大小每季都會隨著獵物的變動而有所調整。由於一頭成年美洲獅每年要獵殺六十隻鹿一般大小的有蹄類動物，因此，支撐一頭美洲獅要七百隻獵物，這解釋了為什麼牠們要如此大的地盤（生物學家雷姆誠觀察到，在自然界裡，掠食者從不把一種獵物吃掉百分之六以上；然而人類認為可以「控制」鮭魚、鹿或鴨子等野生物種，因此可以吃掉百分之八十或九十，還能保持獵物的數量）。如果獵物很豐富，一如我們這棵樹附近的環境，美洲獅就可以經常捕食，而且只吃肝、腎和腸子；有時候牠們只在動物的頸靜脈上咬一小道傷口，光喝血。

死屍中的生物

我們這棵樹變成枯立木站著已經六十二年，相繼成為各種動物的家，除了美洲獅之外，還有許多啄木鳥、一隻美洲角梟、幾隻飛鼠、花栗鼠、花尾蝠、山雀和鳥。最後，當真菌繼續無情地擴散到整棵樹，使支撐枯樹幹的根部軟化，樹不再堅定地固著於地上，而是順勢撐著。一九二九年秋，一場暴風雨從海岸邊襲來（現在那裡是人口稠密區），風雨打上山脊，在活樹間彈動，前推後拉地折磨這株枯立木，宛如舌頭在搓弄鬆動的牙齒。枯立木沒有樹皮，吸了大量水分，迎風面吸得更多，基部傳來一陣刺耳的呻吟聲，該部位是樹根深入礫石土壤與固定不動的地面交接處。儘管風大雨大，樹上大部分的棲息者仍傾巢而出，匆匆離開，到更堅固的枯立木裡尋找新的庇護所。經過幾晚的搖晃，這株枯立木已經無法保持平衡，在風中傾倒，斷裂於鄰樹之間，鄰樹下斜的枝條將枯立木引開，以防主幹被撞到，直到離地三十公尺處，這些枝條才閃開，讓笨重的枯立木以自由落體方式掉進下面的年輕鐵杉層，有幾棵鐵杉也跟著倒下。沒人聽到倒塌聲。

其中一塊枝幹碎片掉進附近的溪流，在水裡翻滾扭轉隨波逐流，直到溪水大轉彎處，才卡在岸邊。這枝條半掩在淤泥裡，成為鮭魚的庇護所，也是各種昆蟲的食物。其他殘枝則散落在林地上，把富含氮素的地衣送給土壤。

由於這棵樹是枯立木，倒下之後樹冠層並不會留下缺口，倒下的木頭便躺在濃密遮蔭裡，很快就被苔蘚和真菌所覆蓋，引來一對太平洋濕木的美古白蟻。一隻有翅母蟻停在枯木旁，隨後跟來一隻同樣有翅的雄蟻。這兩隻白蟻都呈淡褐色，近乎透明，長約十公釐，脈紋清楚的深褐色翅膀帶著牠們離開位於森林另一角的出生聚落，飛到這裡。降落後，牠們的翅膀便掉落，共同在倒木裡挖出一個淺淺的蟻室，然後進入室內，從裡面把洞口封住，在裡頭交配。

兩周後，母蟻產下十二顆瘦長的卵，非洲有些白蟻每天可產三萬顆卵，相較之下，這一窩就顯得人丁不旺，但已足夠開始建立一個聚落。其幼蟻會長成兩種不同的階級：繁殖蟻和兵蟻，共同執行聚落裡的所有工作，主要是在枯木裡挖掘錯綜複雜的通道系統，以及把食物帶回來給皇后和國王。隔年春天，繁殖蟻到聚落的偏遠處產卵，而皇后也產下另一窩十二顆卵，這個過程一再重複，直到這個聚落有四千隻蟻為止。因此，聚落裡的所有成員都有血緣關係；整個聚落又分成幾個小家族。兵蟻負責防止弓背蟻和其他白蟻進入聚落地道，牠們用龐大的頭部及有力的鋸齒狀大顎把通道擋住，並將不受歡迎的入侵者從腰部切為兩半。

白蟻是社會性屑食者，牠們以加速分解的方式，減少林地上的腐木，從而讓土壤儘快獲得養分。牠們吞下木材纖維，但無法消化。但其內臟帶著一群微生物，可以破壞纖維素並產生副產品，一部分會被白蟻吸收，而其餘的，如甲烷氣，則被排出。白蟻脫皮時（把堅硬的外骨骼脫掉以利生長），會連皮帶內臟一起脫掉，因此，脫皮後

祿姆木

必須吃同伴的排泄物以補充細菌。牠們會以舌頭相互打理照料，這麼做的同時，也把內臟裡的真菌孢子餵給對方，助其建立細菌共生體。在熱帶地區，白蟻建立大量的聚落，每一平方公尺土壤裡的白蟻數，竟高達一萬隻，牠們是當地最主要的生物；其生物量超過同一地區所有的脊椎動物。食蟻獸知道該怎麼做。白蟻在太平洋西北沒有那麼猖獗，但還算舉足輕重。森林地表上的枯木，有三分之一靠白蟻的活動而化為土壤。牠們的複雜地道扮演的角色也同樣重要，為真菌孢子和到此落腳的植物先行建好通道，以便利用腐木的軟木材。

躺在潮濕林地上的這棵樹，七百年前還是幼苗，現在則是倒臥的巨人，昔日位於底層的競爭對手，為它裹上壽衣。它正在腐爛。大自然中，死亡和腐爛支撐著新生命。美古白蟻和弓背蟻，蟎和彈尾蟲，分解性真菌和細菌，都已經侵入這棵樹的木材。木頭的保護層已經千瘡百孔。這裡幾乎照不到陽光。基本上，這是地面上的一個隆起，慢慢在數百年中，成為堆肥沃土。這棵樹的殘骸上鋪著一層厚厚的苔蘚和蕨類，輪廓依稀可見，宛如毯子下的一棵死樹。九月，有翅種子稀稀疏疏地落下了。這些種子有些來自仍然高高在上的花旗松，但大部分卻是西部鐵杉。花旗松的種子不會在這塊木頭上發芽，因為它們需要陽光，而且喜歡礦物質土壤，如我們這棵樹最早於世紀大火清除了底層之後，所落腳的礫石床。但鐵杉種子喜歡長在肥沃、陰暗而有機的土壤上，這正是我們這棵樹的內部狀況。到了春季，鐵杉苗孔武有力的根部經由白蟻和螞蟻洞穿進我們這棵樹的樹幹，碰到白蟻背上所攜帶的菌根菌，因而長得非常茂盛。這塊木頭竟成了競爭樹種的保姆。最後，新樹的裸根會跨騎在保姆身上，再進入土壤。當我們的樹終於分解為土壤時，森林中出現了一直列西部鐵杉，隊形近乎完美，每棵鐵杉都長在一坏壟土上，為其根部和我們那棵樹殘骸所形成的矮丘。這些壟土上覆著一層碎屑，為老圓葉槭落葉和橙腹赤松鼠帶來的雜物，上面長著來此分享的帚狀耳蕨，為尋找彈尾蟲的鮭魚提供庇護。

日後，將有兩個人走過這座濃密的森林，見到筆直排列的鐵杉，其中一人看出，那裡以前應該是塊保姆木頭。他們將不會知道，這塊保姆木頭曾經是株巨大的花旗松，出生於愛德華一世當上英國國王之時，倒於華爾街崩盤那年，但他們將同樣感受到地球萬物一體的奇特性。他們帶著這個感受回家，終生受用。

延伸閱讀

Allen, George S., and John N. Owens. *The Life History of Douglas Fir*. Ottawa: Environment Canada Forestry Service, 1972.

Altman, Nathaniel. *Sacred Trees*. San Francisco: Sierra Club Books, 1994.

Aubry, Keith B., et al., eds. *Wildlife and Vegetation of Unmanaged Douglas-Fir Forests*. Portland: United States Department of Agriculture, Forest Service, 1991.

Bonnicksen, Thomas M. *America's Ancient Forests: From the Ice Age to the Age of Discovery*. New York: John Wiley and Sons, 2000.

Brodd, Irwin M., Sylvia Duran Sharnoff, and Stephen Sharnoff. *Lichens of North America*. New Haven, CT: Yale University Press, 2001.

Clark, Lewis J. *Wild Flowers of the Pacific Northwest*. Madeira Park, BC: Harbour Publishing, 1998.

Drengson, Alan Rike, and Duncan MacDonald Taylor, eds. *Ecoforestry: The Art and Science of Sustainable Forest Use*. Gabriola Island, BC: New Society Publishers, 1997.

Ervin, Keith. *Fragile Majesty: The Battle for North America's Last Great Forest*. Seattle: Mountaineers, 1989.

Forsyth, Adrian. *A Natural History of Sex: The Ecology and Evolution of Sexual Behavior*. New York: Charles Scribner's Sons, 1986.

Fowles, John, and Frank Horvat. *The Tree*. Don Mills, ON: Collins Publishers, 1979.

Heinrich, Bernd. The Trees in My Forest. New York: HarperCollins Publishers, 1997.

Hölldobler, Bert, and Edward O. Wilson. *Journey to the Ants: A Story of Scientific Exploration*. Cambridge, MA: Belknap Press of Harvard University, 1994.

Huxley, Anthony. *Plant and Planet*. London: Allen Lane, 1974. New enlarged edition, Harmondsworth: Penguin Books, 1987.

Kendrick, Bryce. *The Fifth Kingdom*. 3rd ed. Newburyport, MA: Focus Publishing, 2001.

Lawrence, R.D. *A Shriek in the Forest Night: Wilderness Encounters*. Toronto: Stoddart Publishing Co., 1996.

Luoma, John R. *The Hidden Forest: The Biography of an Ecosystem*. New York: Henry Holt and Company, 1999.

Marsh, George Perkins. *Man and Nature: Or, Physical Geography as Modified by Human Action*. Cambridge, MA: Harvard University Press, 1864.

Maser, Chris. *Forest Primeval: The Natural History of an Ancient Forest*. Toronto: Stoddart Publishing Co., 1989.

——. *The Redesigned Forest*. Toronto: Stoddart Publishing Co., 1990.

Muir, John. *Wilderness Essays*. Salt Lake City: Peregrine Smith Books, 1980.

Pakenham, Thomas. *Meetings with Remarkable Trees*. London: Weidenfeld and Nicolson, 1996.

Platt, Rutherford. *The Great American Forest.* Englewood Cliffs, NJ: Prentice- Hall, 1965.

Savage, Candace. *Bird Brains: The Intelligence of Crows, Ravens, Magpies and Jays*. Vancouver: Greystone Books, 1995.

Schama, Simon. *Landscape and Memory*. New York: Alfred A. Knopf, 1995.

Taylor, Thomas M.C. *Pacific Northwest Ferns and Their Allies*. Toronto: University of Toronto Press, 1970.

Thomas, Peter. *Trees: Their Natural History*. Cambridge: Cambridge University Press, 2000.

Wilson, Brayton F. *The Growing Tree. Amherst*: University of Massachusetts Press, 1971, 1984.

Wilson, Edward O. *Biophilia: The Human Bond with Other Species*. Cambridge, MA: Harvard University Press, 1984.

——. *Consilience: The Unity of Human Knowledge*. New York: Alfred A. Knopf, 1998.

——. *The Future of Life*. New York: Alfred A. Knopf, 2002.

Wohlleben, Peter. *The Hidden Life of Trees: What They Feel, How They Communicate*. Vancouver: Greystone Books Ltd., 2016.

Woods, S.E. Jr. *The Squirrels of Canada*. Ottawa: National Museum of Sciences, 1980.

重要名詞中英對照表

書報、法條、節目名稱

《手稿》 *Notebooks*
《自然史》 *Historia Naturalis*
《李爾王》 *King Lear*
《貝奧武夫》 *Beowulf*
《彼得森指南》 *Peterson's Guide*
《拉丁植物誌》 *Latin Herbarius*
《林木誌》 *Sylva, or a discourse of Forest Trees*
《物種源始》 *The Origin of Species*
《花滿地球》 *Flowering Earth*
《美饌大辭典》 *Grand dictionnaire de cuisine*
《原始林》 *Forest Primeval*
《埃及植物誌》 *De Plantis Aegypti*
《草木誌》 *De vegetabilus et Plantis*
《寂靜的春天》 *Silent Spring*
《景象與記憶》 *Landscape and Memory*
《森林乃是植物社會》 *The Forest as a Plant Society*
《植物史》 *Historia Plantarum*
《植物本原》 *De Causis Plantarum*
《植物解剖學》 *The Anatomy of Plants*
《新草木誌》 *Neu Kreutterbuch*
《資本論》 *Das Kapital*
《德國植物誌》 *German Herbarius*
《暴風雨》 *The Tempest*
《論植物的性別》 *De sexu plantarum*
《樹》 *The Tree*
《樹的祕密生命》 *The Hidden Life of Trees*

《藥物論》 *De materia medica*

「波士頓廣告日報」 Boston Daily Advertiser

「英屬北美法」 British North America Act

「萬物之道」 The Nature of Things

「戲王之王」 Greatest Show on Earth

二到四劃

乙烯 ethylene

丁酸梭芽孢桿菌 *Clostridium buryricum*

二分裂 binary fission

二萜 diterpene

二倍體 diploid

人種圈 ethnosphere

三萜 tritepene

上皮細胞層 epithelium membrane

上樹甲蟎 beetle mite, *Dendrozetes*

土氏鼩鼱 Trowbridge's shrews

大仲馬 Alexandre Dumas

大角羊 mountain sheep

大海雀 great auk

大眼長椿象 *Geocoris pallens*

大麻 *Cannabis sativa*

大麻哈魚 chum salmon

大雅伯 Albert the Great

大葉槭 bigleaf maple

大餐與饑荒循環 feast-and-famine cycles

大顎 mandibles

大鱗大麻哈魚 chinook salmon

子葉 cotyledons

子囊菌 Ascomycetes

山毛櫸 beech

山煙草 wild tobacco

山靛 Mercurialis annua

山鱒 cutthroat trout

山松甲蟲 *Dendroctonus ponderosae*
不列塔尼 Brittayne
不定根 adventitious roots
丹佛林 Dunferline
丹寧酸 tannins
內生的 endotrophic
內皮層 endodermis
內面樹芯 inner core
內海航道 Inside Passage
內樹皮 inner bark
內羅 Bernard Noel
分子基材 molecular substrates
切根人 rhizotomi
化約主義 reductionism
天蛾毛蟲 hawkmouth caterpollars
太平洋西北 Pacific Northwest
太平洋紫杉 Pacific yew
太平洋瑪都那木 Pacific madrone
太平洋銀杉 Pacific silver fir
太平洋濕木白蟻 Pacific dampwood termites, *Zootermopsis angusticollis*
巴西中裂豆 Brazilian arariba, *Centrolobium robustum*
巴南 Barnum, P.T.
巴隆山國家公園 Gunung Palung National Park
巴黎藥學院 Paris Ecole de Pharmacie
心皮 carpels
心材 heartwood
文特 Friedrich Went
方濟會 Franciscan order
木賊 horsetails
木質素 lignin
弓背蟻 carpenter ants

毛足鵟　rough-legged hawks
毛細作用　capillary action
水分循環　hydrologic cycle
水晶宮　Crystal Palace
水晶蘭　Indian pipe, *Monotropa uiflora*
水楊酸　salicylic acid
火草，柳葉菜　common fireweed, *Epilobium angustifolium*
火險氣候　fire climate
火蠑螈　fire salamander, *Salamandra salamandra*
牛肝菌　*Boletus*

五到六劃

加州藜蘆　western false hellebore, *Veratrum californicum*
加那利群島　Canary Islands
加里波第　Giuseppe Garibaldi
加拉巴哥番茄　Galapagos tomato
加拿大太平洋鐵路局火車　CPR train
加拿大安大略省金士頓　Kingston
加拿大自治領　Dominion of Canada
加拿大蓬　cow parsnips
北卡拉韋拉斯園　North Calaveras Grove
北美巨杉　giant sequoias
北美赤鹿　wapiti
北美紅松鼠　red squirrels, *Tamiasciurus hudsonicus*
北美蚊霸鶲　western flycatchers
北美鹿鼠　Deer Mice, *Peromyscus manuculatus*
北美斑點梟　northern spotted owls, *Strix occidentalis caurina*
北美黑啄木鳥　pileated woodpecker,

Dryocopus pileatus

北島 North Island

北極圈 Arctic

卡里卡特 Calicut

卡芳杜 Joseph Bienaime Caventou

卡梅拉里烏斯 Rudolph Jakob Camerarius

卡雅布族 Kayapo

卡蒂埃 Jacques Cartier

卡森，瑞秋 Carson, Rachel

去燃素氣體 dephlogisticated air

古細菌 archaebacteria

古菌 Archaea

古爾德 Gould, Stephen Jay

古騰堡 Gutenberg, Johannes

古德 Gould, Stephen Jay

史帝爾，艾倫 Steele, Allen

史古布 skwupuhc

史坎蘭 Scanlan, Larry

史密森學會 Smithsonian Institution

四角病 Four Corners Disease

外生菌根 ectomycorrhizal

外生菌根真菌 ectomycorrhizal fungal

外種皮 testa

外層樹皮 outer bark

奶油木 ocean spray, *Holodiscus discolor*

巨木賊 giant horsetail, *Equisetum giganteum*

巨冷杉 grand fir

布里斯坦爵士 Sir Robert Preston

布拉奇船長 Captain Willian Brotchie

布羅斯 Brosse, Guy de La

布靈荷詩 Bringhurst, Robert

平克勞斯貝 Bin Crosby

平滑木賊 smooth horsetails

瓦揚 Vaillant, Sebastien

甘　Genni Gunn
甘草蕨　licorice fern, Polypodium glycyrrhiza
生命原　vital principle
生物鹼　alkaloid
生長素　auxins
甲醛　formaldehyde
白令陸橋　Bering land bridge
白松　white pine
白楊　cottonwood
白楊樹　quaking aspen
白足鹿鼠　white-footed mice, *Peromyscus leucopus*
皮阿提　Peattie, Donald Culross
石松　club mosses
石炭紀　Carboniferous
石楠草　heathworts
石櫟　tan oak

伊凡斯　Evans, Howard Ensign
伊歐黑　eolhac
伐夫王國　Kingdom of Fife
光子伏特電池　photovoltaic cell
地下連通性　subterranean connectivity
全國步槍協會　National Rifle Association
印宇國家公園　Inyo National Park
印紐特　Inuit
印第安櫻桃樹　Indian plum
向水　aquatropism
向光　phototropism
向地　geotropism
多年根基腐病　annousus root and butt rot
多年異擔子菌　*Heterobasidion annosum*
多雄蕊綱　Polyandria
夸克　quark
安古拉拉　Anguillara, Luigi

安地斯山脈 Andes mountains

有序結構 ordered structures

有性生殖 sexual reproduction

有絲分裂 mitosis

灰藍燈草鵐 slate-sided junco

羊齒蕨 bracken fern, *Pteridium aquilinum*

羽扇豆 lupines, *Lupinus micranthus*

羽節蕨 oak fern, *Gymnocarpium dryopteris*

老虎百合 tiger lily

老熟林 old-growth forest

自然歷史博物館 Museum d'histoire naturelle

艾夫林 Evelyn, John

西白玉 *xpayuhc*

西利西亞 Cilicia

西部紅背無肺螈 western redback salamander, *Plethodon vehiculum*

西部雲杉捲葉蛾 western spruce budworm

西部鐵杉 western hemlock

西裸鼻雀 western tanagers

佛雷澤河 Fraser River

七到八劃

佛羅倫斯 Florence

伽馬 Gama, Vasco da

貝特曼，羅伯 Bateman, Robert

伯氏疏螺旋體 *Borrelia burgdorferi*

伯利恆之星 Star of Bethlehem

伯格多費 Burgdorfer, Willy

克共蓮 camas, *Camassia quamash*

兵蟻 soldiers

冷杉 true firs

冷杉吉丁 flatheaded fir borers, *Melanophila drummondi*

冷杉綠偽尺蛾 phantom hemlock looper,

Nepytia phantasmaria
冷杉屬　Abies fir
希斯盤紐拉　Hispaniola
改組　shuffling
杜威十進分類系統　Dewey decimal system
沙加緬度　Sacramento
沃羅涅日　Voronezh
芒果松　bristlecone pines
芝加哥泰勒國宅 Robert Taylor Homes
豆科　Leguminosae
赤松　red pine
赤楊　alder
忒修斯　Theseus
沏泥沏泥　kinnikinnick
乳牛肝菌　*Suillus lakei*
亞克斯里　Elois Yaxley
亞述人　Assyrians

亞高山冷杉　subalpine fir
亞當斯，伊蓮　Adams, Ellen
依賴植物集團　guilds
佩爾蒂埃　Pierre-Joseph Pelletier
刺柏　juniper
刺海蓬子　spiny saltwort
卑詩大學　University of British Columbia
卑詩省　British Columbia
卷邊椿菇　*Paxillus involutus*
受體　recipient
咖啡樹　coffee bush, *Coffea arabica*
固氮作用　nitrogen fixation
奇點　singularity
奇利瓦克省立公園　Chilliwack Provincial Park
始祖鳥　*Archeopteryx*
孟加拉虎　Bengal tigers
孟納氏　Menzies, Alexander

岩鬚 cassiope

帚狀耳蕨 sword fern, *Polystichum scopulinum*

帖烯 terpenes

帕度亞 Padua

拉布拉多 Labrador

拉布羅斯 La Brosse

昆蟲綱 Insecta

果膠 pectin

林奈 Carl von Linne, Carolus Linnaeus

松杉目 Pinales

松金翅雀 pine siskins

松柏基醇 coniferyl

松科 Pinaceae

松雀 pine grosbeaks

松綱 Pinopsida

松鴉 jays

波里尼西亞群島 Polynesian islands

波勒克 Pollock, Chris

波隆那植物園 Botanical Gardens of Bologna

波羅的海雲杉 Baltic spruce

法柏格聖維克多 Faubourg Saint-Victor

沿海薩利什人 Coast Salish

爬行田鼠 creeping voles

肺衣 lungwort

芳香醇 aromatic alcohols

芽狀馬勃 Gemmed puffball, *Lycoperdon gulosorum*

花尾蝠 spotted bats

花栗鼠 chipmunks

花粉囊 pollen sacs

花菖蒲 flag iris

花旗松 Douglas fir, *Pseudotsuga manziesii*

花旗杉寄生 *Arceuthobium douglasii*

花旗松落葉病 douglas-fir needle blight,

Rhabdocline pseudotsugae

芥基醇　sinapyl

虎克　Hook, Frank

虎鯨　killer whale

表皮　epidermis

金喉雀　golden-throated sparrows

金翼啄木鳥　northern flicker

金雞納樹　cinchona tree

金鱒　golden trout

阿盤尼，普羅斯波羅　Alpini, Prospero

阿托品　Atropine

阿帕奇鱒　Apache trout

阿拉斯加狹長地　Alaska Panhandle

阿茲特克帝國　Aztec Empire

阿威羅伊　Averroes

阿留申　Aleutian

阿速群島　Azores

阿薩巴斯卡河　Athabasca River

附肢　appendage

孢子囊穗　strobili

孢子體　sporophytes

九劃

保衛細胞　guard cells

保羅斯　Pauls, Naomi

勃激素　gibberellic acid

品級　caste

哈氏網　Hartig net

哈奇　Hatch, A.B.

哈柏　Haber, Fritz

哈德遜山雀　boreal chickadees

哈德遜灣公司　Hudson’s Bay Company

奎寧　quinine

威芮木層孔菌　*Phellinus weirii*

威斯康辛冰期 Wisconsin Ice Age
威爾美 Willamette
威爾斯王子島 Prince of Wales Island
威爾森 Wilson, E.O.
帝王蝶 monarch butterfly
扁柏 cypress
柱頭 stigma
柯爾柏 Kolbe, Hermann
柄細胞 stalk cell
查普特佩克 Chapultepec
柏斯 Perth
柳杉 *Cryptomeria japonica*
流浪鼩鼱 vagrant shrews
洛馬 Louma, Jon
玻克 Bock, Jerome
皇帝豆 lima beans
相剋作用 allelopathy

科蒂榮舞 cotillion
突現特質 emergent properties
突變 mutation
紅交嘴鳥 red crossbills
紅朱雀 purple finches
紅尾鵟 red-tailed hawks
紅皇后症候群 Red Queen syndrome
紅衫軍 Red Shirts
紅胸鳾 red-breasted nuthatch
紅樹鼠 red tree voles
紅大麻哈魚 sockeye salmon
紅蠟蘑 *Laccaria*
約櫃 Ark
美洲顫楊 trembling aspen
美洲角梟 flammulated owl
美洲飛鼠 northern flying squirrels
美洲栗 American sweet chestnut, *Castanea*

dentata
美洲茶隼　American kestrels
美洲野豌豆　purple vetch, *Vica americana*
美洲獅　cougar, *Felis concolor*
美莓　salmonberries
美國白藜蘆　green hellebore, *V. viride*
美國赤楊　red alders, *Alnus rubra*
美國林務署　U.S. Forest Service
美國側柏　western redcedar
美國森林學會　Society of American Foresters
美國柱松　lodgepole pines, *Pinus contorta*
美國榆　American elm
胚乳　endosperm
胚芽　plumule
胚根　radicle
胚珠　ovules
胚軸　hypocotyl
胚幹　embryonic stem
胚葉　embryonic leaves
胡克　Hooker, Willian Jackson
胡麥瑟　Hofmeister, Wilhelm
胞嘧啶　cytosine
胞器　organelles
英根豪斯　Ingen-Housz, Jan
英格蘭（古稱）　*Albion*
英國海軍軍部　Admiralty
苔蘚植物　bryophytes
苞片　bracks
虹鱒　steelhead trout
迦素巴素樹　gasu-basu tree
迪克　Dicke, Marcel
迪奧克萊斯　Diocles
迪奧斯科里斯　Dioscorides
風滾草　tumbleweed

香豆基醇　coumaryl
香蕉樹　banana tree, Musa sapientum
倭槲寄生　dwarf mistletoe
毒蛾　tussock moth

十到十一劃

倫敦園藝協會　Horticultural Society of London
凍原　tundra
剛葉松　pitch pine, Pinus rigida
原生質　protoplasm
原生質體　protoplast
原住民　Autochthon
原始細胞　protocell
原核生物　prokaryotes
原雞　jungle fowl
原體　primordia
哥倫比亞百合　Columbian lily, *Lilum columbianum*
哥倫比亞河　Columbia River
埃氏劍螈　ensatina, *Ensatina eschscholtzii*
埃涅阿斯　Aeneas
夏瑪　Simon Schama
屑食者　detritivores
庫烏　qwuh
庫蘭　Curran, Lisa
挪威雲杉　Norway spruce
核甘酸　nucleotides
核酸　nucleic acids
根冠　root cap
根軸　root core
栗疫病　Cryphonectria parasitica
桑朵克　Zandrok, Olga
桑德斯，羅布　Sanders, Rob

格拉斯哥皇家植物園　Glasgow Royal Botanical Garden
格魯　Grew, Nehemiah
格蘭德河　Rio Grande
桃花心木　mahogany
桃金孃樹　ohia lehua tree, *Metrosideros macropus*
氣孔　stamata
氨鹽　ammonium
泰奧弗拉斯多　Theophrastus
泰諾人　Taino
海岸杉　coastal redwoods
海達族　Haida
海綿狀細胞　spongy cells
海濱山黧豆　beach pea, *Lathyrus japanicus*
烏特列芝大學　University of Utrecht
烏普薩拉大學　University of Uppsala
烏雲攀螈　clouded salamander, *Aneides ferreus*
特諾奇提特蘭　Tenochtitlan
班森煤礦　Bensham Coal
珠孔　micropyle
珠心　nucellus
病原性真菌　pathogenic fungi
病原體　pathogens
真核生物　Eukarya
真核生物　eukaryotes
真細菌　eubacteria
神經西定　Nervocidine
神聖之命　Divine Order
窄果松　knobcone pine, *P. attenuata*
粉紅布袋蘭　pink lady’s slipper, *Calypso bulbosa*
胸腺嘧啶　thymine
脊索動物　Chordata

臭菘草　skunk cabbage
配子　gamete
閃族　!San
馬多克弓背蟻　Camponotus modoc
馬克吐溫　Mark Twain
馬克思　Marx, Karl
馬利筋草　milkweed
馬錢子　*Strychnos nux-vomica*
馬錢子鹼　strychnine
馬鬱蘭　marjoram
高山鐵杉　mountain hemlock
高分子　macromolecules
鬼行者　ghost walker
桉樹　gum
乾草原　steppe
假升麻　goatsbeard, *Aruncus sylvester*

十二劃

勒波克爵士　Sir John Lubbock
問荊　field horsetails
基因多樣性　genetic polymorphism
基因混合　genetic mixing
基因混合體　genetic mix
培根　Roger Bacon
寄生蜂　parasitic wasps
寄生蠅　tachinid
彩色乳牛肝菌　Painted Suillus
御花園　jardin du Roi
控制性寄生　controlled parasitism
斜紋弓背蟻　*Camponotus femoratus*
梭羅　Thoreau, Henry David
梅迪奇一世　Cosimo I de'Medici
梅瑟　Maser, Chris
殺霜　killing frost

毬果門　Coniferophyta
清教徒移民前輩　Pilgrim Fathers
符傲思　Fowles, John
粒線體　mitochondria
細鱗大麻哈魚　pink salmon
莫洛左夫　Morozov, Georgy Fedorovich
荷蘭榆樹病　Dutch elm disease
被子植物　angiosperms
野草莓　wild strawberry, *Fragaria virginiana*
野蕎麥　wild buckwheat, *Eriogonum compositum*
雪松太平鳥　cedar waxwings
雪球地球　Snowball Earth
頂端分生組織　apical meristem
魚鰾槐豆　bladder senna
鳥嘌呤　guanine
鹿硬蜱　deer ticks, Ixodes scaularis

鹿頭蘭　deer-head orchid
麥特林　Myteline
麥茵茲　Mainz
麥斯米蘭　Maximilian
麻蠅　sarcophagid
桫欏　tree ferns
酚　phenolics
喀拉哈里沙漠　Kalahari Desert
喀斯喀山脊　Cascade Crest
單倍體　haploid
單雄蕊綱　Monandria
斑點梟　spotted owls
斯溫氏夜鶇　Swainson's thrushes
普吉谷　Puget Trough
普利斯特利　Priestley, Joseph
普遍理　Universal Reason
普藍地　Plinty

森林浴 forest bathing
智人 *sapeins*
棗椰子 date palm, *Phoenix dactylifera*
棲島 habitat islands
植物園 Jardin des Plantes
植物學講師 lettore dei semplici
欽赤塔拉斯 Chinchitalas
渡鴉 Raven, *Corvus corax*
華茲華斯 Wordsworth, William
湯姆森 Thompson, David
猴謎樹 monkey puzzle tree
紫杉樹 Yew Trees
紫燈草 bluesticks
腎上腺素 adrenaline
腓特烈二世 Frederick II
菩菩利花園 Boboli Gardens
華盛頓野生物委員會 Washington Wildlife Commission
萊姆病 Lyme desease
萊斯沃斯 Lesbos
菌根 mycorrhizae
菌絲 hyphae
菌絲體 mycelium
蛛形綱動物 arachnid
費城百合 wood lily, *L. philadelphicum*
越橘 red huckleberries
雅伯圖斯 Albertus Magnus (Albert the Great)
雄性固酮 androsterone
集群 colony
韌皮部 phloem
黃杉屬 Pseudotsuga
黃松 ponderosa
黃葉槲寄生 *Phoradendron flavescens*
黃色林鶯 yellow warblers, *Dendroica petechia*

rubiginosa
黃杉合毒蛾　Douglas-fir tussock moth
黃杉大小蠹　Douglas-fir beetle, *Dendroctonus pseudotsugae*
黑尾鹿　blacked-tailed deer
黑松露　*Tuber aestivum*
黑暗時代　Dark Age
黑腹果蠅　*Drosophila melanogaster*
黑頭長翅捲蛾　western blackheaded budworm
黑頭威氏林鶯　Wilson's warbler
黑臉黃眉林鶯　Townsend's warblers
氰酸鹽　cyanate
猢猻木　baobab
渥雷本　Wohlleben, Peter
逵曼，大衛　Quammen, David

十三到十四劃

傳粉滴　pollination drop
嗜極菌　extremophiles
圓葉槭　vine maple
奧氏蜜環菌　*Armillaria ostoyae*
奧勒崗肺衣　*Lobaria oregana*
奧勒崗燈草鵐　Oregon junco
愛德凡蒂　Aldrovandi, Ullise
愛德華一世　Edward I
新鄧傑內斯　New Dungeness
暗眼燈草鵐　dark-eyed juncos, *Junco hyemalis*
極盛相森林　climax forest
楊梅　arbutus
楝樹油　neem oil
溯河迴游性　anadromous
溫哥華船長發現號　Captain George Vancouver's Discovery

溫哥華堡 Fort Vancouver
溫帶硬木林 temperate hardwood forests
溪木賊 water horsetails
節肢動物門 Arthropoda
聖多瑪斯 Saint Thomas Aquinas
聖海倫火山 Mount St. Helens
聖盧卡斯角 Cape San Lucas
聖羅倫斯灣 Gulf of St. Lawrence
腺嘌呤 adenine
落葉林 deciduous forest
葫蘆 gourds
葉肉 mesophyll
葉綠素 chlorophyll
葉綠餅 grana
葉綠體 chloroplasts
葛雷利 Greeley, Horace
萵苣地衣 lettuce lichen

裘園 Kew Gardens
路易阿姆斯壯 Louis Armstrong
遊走性紅斑 erthema migrans
道格拉斯，大衛 Douglas, David
道氏卜若地 Douglas’s brodiaea
道氏翠菊 Douglas aster
道氏蔥 Douglas’s onion
道氏龍膽 Douglas gentian
道氏蕎麥 Douglas’s buckwheat
道藩省 province of Dauphine
達班諾 d’Abano, Pietro
雷伊 Ray, John
雷姆誠 Reimchen, Tom
雷德 Reid, Bill
嘉培爾 Gabriel, Alex
圖賓根 Tubingen
夢娜湖 Mono Lake

對偶基因　alleles
柵狀　palisade
歌帶雀　song sparrows
漢他病毒　hantavirus
滲透作用　osmosis
熊果　bearberry, *Arctostaphylos uva-ursi*
瑪土撒拉　Methuselah
碧提宮　Pitti Palace
碳水化合物　carbohydrates
種皮　resta
種葉　seed leaves
管胞　tracheids
精孔管　micropylar canal
綠斑林尺蛾　greenstriped forest looper
綠鵑　Solitary vireos
蓋倫　Galen
蓋爾　Gale, George
蒼鷹　northern goshawk
裴利可立　Pericoli, Niccolo
裸子植物　gymnosperms
酸豆　tamarind, *Tamarindus indica*
銀杏　ginkgo tree
銀樹　silver tree
銀大麻哈魚　coho salmon
鳳梨科植物　bromeliad
蓖麻　*Ricinus communis*
蜱蟎　oribatid mite

十五到十七劃

劇毒棋盤花　death camas, *Zigadenus venenosus*
彈尾綱　Collembola family
彈尾蟲　springtail
德韋謝伊　de Vesey, John Xantus

慕拉 Moola, Faisel
撲動鴷 red-shafted flickers
歐吉布威 Ojibway
歐文，華盛頓 Irving, Washington
膠樅葉蜂 balsam fir sawfly
褐色爬刺鶯 brown creepers
褐色纖維狀幹腐病 brown stringy trunk rot
褐線尺蠖 blownlined looper
醋酸 acetic acid
鴉科 Corvidae
樺樹 birch
橙腹赤松鼠 Douglas squirrels, *Tamiasciurus douglasii*
橘劑 Agent Orange
樹皮甲蟲 bark beetles
樹蟎屬 Dendrozetes
橈足類動物 copepod

澳洲原住民 Aborigines
獨角鯨 narwhals
篩胞 sieve cells
糖松 sugar pine, *Pinus lambertiana*
蕨類植物 pteridophytes
諾比斯汀 Uta-Naposhtim
諾亞 Noah
諾埃爾 Noel, Bernard
錫達卡雲杉 Sitka spruces
龍血樹 dragon tree
龍腦香科 Dipterocarpaceae
優比兌 *euhbidac*
優沙威 *yuhsawi*
戴維斯 Davis, Wade
擬櫻桃 osoberry, *Osmaronia cerasiformis*
穗烏毛蕨 deer fern, *Blechnum spicani*
糞金龜 dung beetle

繆升　Mangin, Louis Alexandre

繆爾　Muir, John

繁殖蟻　reproductives

薄層根腐病　laminated root rot

薔薇科　Rosaceae family

螺旋體菌　spirochete

趨光運動　phototropic movement

闊葉火草　broad-leaved fireweed, *E.latifolium*

隱形森林　*The Hidden Forest*

隱花植物　cryptogams

十八劃以上

藏卵器　archegonia

藏精器　antheridea

薩克斯　Julius von Sachs

薩斯科奇　Sasquatch

藍莓　blueberry, *Vaccinium canadense*

豐年　mast year

雙十雄蕊綱　Icosandria

雙雄蕊綱　Didndrai

雙螺旋　double-helix

鼩鼱　shrews

瓊達福卡海峽　Strait of Juan de Fuca

羅賓森，瑪麗　Robinson, Agnes Mary Frances

羅伯茨　Roberts, Charles G.D.

羅倫斯　Lawrence, R. D.

邊材　sapwood

類黃酮　flavoniods

顛茄　belladonna, *Atropa belladonna*

麗蠅　blowflies

爐甘石　calamine

藻類　phytoplankton

蘭德曼　Landman, Karen

蘚類　liverworts

鐮胞菌 *Fusarium*

籟尚學苑 Lyceum

鼴鼠 moles

體內平衡 homeostasis

貓頭鷹書房 222　　ISBN 978-986-262-353-4

樹，擁抱了全世界：世界環境大師傾聽森之音

（原書名：樹：一棵花旗松的故事）

作　　者　大衛・鈴木（David Suzuki）、偉恩・葛拉帝（Wayne Grady）
繪　　圖　羅伯・貝特曼（Robert Bateman）
譯　　者　林茂昌、黎湛平（2018 增修）
選 書 人　陳穎青
責任編輯　陳湘婷、謝宜英（2018 新版）
校　　對　陳以音
版面構成　張靜怡
封面設計　廖韡
行銷業務　鄭詠文、陳昱甄
總 編 輯　謝宜英
出 版 者　貓頭鷹出版
發 行 人　凃玉雲
發　　行　英屬蓋曼群島商家庭傳媒股份有限公司城邦分公司
104 台北市中山區民生東路二段 141 號 11 樓
畫撥帳號：19863813；戶名：書虫股份有限公司
城邦讀書花園：www.cite.com.tw　購書服務信箱：service@readingclub.com.tw
購書服務專線：02-2500-7718~9（周一至周五上午 09:30-12:00；下午 13:30-17:00）
24 小時傳真專線：02-2500-1990；25001991
香港發行所　城邦（香港）出版集團／電話：852-2877-8606 ／傳真：852-2578-9337
馬新發行所　城邦（馬新）出版集團／電話：603-9056-3833 ／傳真：603-9057-6622
印 製 廠　成陽印刷股份有限公司
初　　版　2008 年 4 月
三　　版　2018 年 6 月
定　　價　新台幣 360 元／港幣 120 元

讀者意見信箱　owl@cph.com.tw
投稿信箱　owl.book@gmail.com
貓頭鷹知識網　www.owls.tw
貓頭鷹臉書　facebook.com/owlpublishing
【大量採購，請洽專線】(02) 2500-1919

國家圖書館出版品預行編目資料

樹，擁抱了全世界：世界環境大師傾聽森之音 / 大衛．鈴木 (David Suzuki)、偉恩．葛拉帝 (Wayne Grady) 著；羅伯特．貝特曼 (Robert Bateman) 繪圖；林茂昌、黎湛平譯 . -- 三版 . -- 臺北市：貓頭鷹出版：家庭傳媒城邦分公司發行 , 2018.06
面；　公分 . --（貓頭鷹書房；222）
譯自：Tree : a life story
ISBN 978-986-262-353-4（平裝）

1. 森林生態學

436.12　　　　107006779